饰品设计之美

文化与价值传递

彭红 刘喆倩 著

华中科技大学出版社
http://press.hust.edu.cn
中国·武汉

图书在版编目(CIP)数据

饰品设计之美：文化与价值传递 / 彭红，刘喆倩著 . -- 武汉：华中科技大学出版社，2025.9. -- ISBN 978-7-5772-1904-2

Ⅰ.TS941

中国国家版本馆CIP数据核字第2025C7R647号

饰品设计之美 : 文化与价值传递
Shipin Sheji zhi Mei : Wenhua yu Jiazhi Chuandi

彭　红　刘喆倩　著

策划编辑：饶　静

责任编辑：孙　念

封面设计：孙雅丽

责任校对：谢　源

责任监印：朱　玢

出版发行：华中科技大学出版社(中国·武汉)　　　电话：(027)81321913

　　　　　武汉市东湖新技术开发区华工科技园　　　邮编：430223

录　　排：孙雅丽

印　　刷：武汉科源印刷设计有限公司

开　　本：787mm×1092mm　1/16

印　　张：10

字　　数：199千字

版　　次：2025年9月第1版第1次印刷

定　　价：69.00元

序一

饰界之光：在方寸之间照见文明与心灵

人类对美的追寻，自远古便凝结于方寸之间。一枚骨簪、一串玉珠、一件金饰，它们不仅是身体的点缀，更是灵魂的映射与文明的密码。从尼罗河畔的圣甲虫护身符，到黄河文明温润的玉璧、玉璜、玉玦，饰品跨越时空，诉说着不同族群对宇宙的认知、对生命的礼赞、对身份的宣告。它们以物质之形，承载着最精微的精神之光，构筑起各民族最直观、最动人的文化图腾。

中华文明浩瀚五千年，饰物之美早已深深融入民族的血脉与生活的肌理。无论是新石器时代质朴的陶环、商周青铜礼器上威严的饕餮纹饰、汉代飘逸灵动的云气玉佩，还是唐宋雍容华贵的金银器、明清极致精巧的点翠嵌宝，无不闪耀着东方独特的审美智慧与工艺精神。它们不仅是劳动与生活的华彩乐章，更是精神世界的物化载体——以"器"载"道"，以"饰"言"志"，最终编织成中华文化宏大叙事中不可或缺的、璀璨夺目的装饰艺术体系。

步入当代，饰品的意义早已超越单纯的"装饰"范畴。在全球文化交融与科技变革的浪潮下，梳理"饰品设计之美"的命题，其紧迫性与价值前所未有地凸显。它关乎我们如何在全球化语境中守护与活化文化基因，如何在多元社会构建情感共鸣与身份认同，如何在日新月异的消费市场中挖掘可持续的经济价值，更关乎如何以匠心连接过去与未来，让古老工艺在新时代焕发生机。饰品设计，已然成为一门融合文化深度、情感温度、美学高度与市场锐度的综合艺术。

本书正是基于此深刻洞见而诞生，其内容具有以下特征：

（1）溯源文化根脉：从文化学、社会心理学视角，深入剖析中国装饰品承载的主题意蕴、艺术形式与独特语言，揭示其深植于民族集体无意识中的符号密码。

（2）解码叙事逻辑：系统梳理饰品符号意义与形态特征的演变规律，提炼其内在的叙事逻辑，为设计注入深厚的文化内涵与清晰的价值表达。

（3）构建价值通路：探索如何将无形的文化资产、情感诉求、社会价值，通过创新设计有效转化为具有市场生命力的当代饰品，实现文化价值、情感价值与商业价值的统一。

（4）直面时代叩问：聚焦当代饰品设计的核心命题——品牌个性塑造、传统语汇的当代性转化、情感与精神的深度共鸣、工艺传承与科技创新的融合共生，并力求提供具有启发性的解答路径。

书中精选的案例跨越古今，融汇中西，具有典型意义与参考价值。它们以图文并茂的形式呈现，不仅力求传递思想的深度，更致力营造视觉的盛宴，让美的感受与智的启迪相得益彰。

期待这本小书能成为设计师案头灵感的源泉、文化学者探究设计的索引、工艺传承者创新的伙伴，以及每一位热爱生活、关注美、珍视文化价值的读者手中的一盏明灯。让我们共同走进这方寸之间的璀璨世界，感受饰品设计如何以最贴近心灵的姿态，讲述文化的故事，传递时代的价值，照亮生活的美好。是为序。

2025 年 8 月 18 日

序二

随着人类社会的不断发展，人们对生存物质之外的文化类、装饰类产品的需求显著增强，饰品的开发设计逐渐成为新兴的文化创意产业，不同国家、地域、文化、民族、宗教团体（文化族群）虽然都有自己独特的审美经验和表达方式，在造型、材料、色彩、纹样、风格上各不相同，但饰品本身的属性决定了饰品设计的共同目的：满足人们美化或强化自身视觉形象的需求，通过"符号化"的饰品装饰，表现族群或个性特色，吸引目光，维系和传达各种关系。

本书分五个方面全面论述饰品在人类生活中的价值与意义、饰品的不同侧面及其艺术表现，还阐明了饰品在人类生活中的不同存在方式及其艺术含义。

第1章概述饰品的产生、文化内涵以及饰品的类别，说明研究饰品的不同侧面及其艺术内涵。

第2章对当代饰品设计的观念进行深度剖析，从饰品设计的情与理开始，综合设计心理学、行为学相关理论分析现有饰品，对当代艺术中"超观念"理念影响下的典型饰品案例进行分析，引导设计欣赏和主流价值观导向；以中国传统文化复兴背景下的设计案例结合数理研究，给艺术设计提供理性思维；分析历时与共时理念下饰品设计的主流观念，以数字饰品的虚拟化设计传达饰品设计的不同发展维度，以设计观念撼动设计手段和形式。

第3章从辩证的角度剖析饰品设计方法论，将之归纳为需求分析类方法、符号学类方法、形态分析类方法、逻辑与算法类方法；从不同立足点和角度看待设计方法，分析优缺点，探讨饰品和人体的关系、饰品的设计流程、设计和演算方式、设计灵感的来源挖掘、传统文化的设计转化，以设计案例论证可行性，展示设计成果。

第4章阐述当代饰品设计的外在叙事，从多模态的情境叙事，饰品和人物、饰品和饰品之间的关系叙事，到饰品和人物的社会身份叙事，论证了饰品设计的内涵表达及外显形式的变更，以空间体量的置换来突出饰品与人的对话，倡导传统文化的现当代传承；倡导中国精神的时尚化转译叙事，强调文化和身份的认同。

第5章是当代饰品设计的价值取向，探讨了个性与创意思维的表达，艺术视角下的可穿戴部位和形态的设计价值；论证文化融合与文化的可持续发展，从传统文化精神转译的价值和文化传递的价值，以及工艺的发展与创新，论证饰品设计多元文化的可持续发展价值，从环境、健康、文化的角度探索饰品的可持续设计和传播；以个人的视角与具身体验，研究饰品的情感价值和疗愈功能；理解材料和体悟材料特质及材料所传递的情感，用直觉去表现材质充满个性的生命意味；以当代艺术的僭越设计理念论述饰品材料的"去价值化"设计，传达当代艺术家跨界饰品设计突破思维界限的观点，围绕材料与造型、材料与结构展开饰品设计的符号价值、饰品设计的去价值化以及去物质化，以设计实践、设计案例表达未来设计趋势。

本书关注前沿设计理念，积极探索设计理论和现象学，注重学科交叉、融合与渗透，努力寻求不同文化间、不同地域间的相互影响，深入探寻中华优秀传统文化的创造性转化和创新性设计，彰显当代中国文化特色和先进理念，突出中国当代时尚风格。

前言

　　饰品是人类日常生活不可缺少的艺术品，起着美化生活、愉悦身心的重要作用，从多个方面反映人类对艺术的品味和欣赏态度。早在远古时代，人们就制作了多种材质、多样艺术风格的生活饰品，此后在人类的各个历史阶段，在世界各个民族的文化遗迹中，我们都能看到人类在生活中对饰品的持续追求。发展到当今的文明社会，人类生活中更是少不了贵重材质首饰的装扮，以及各类艺术形式的具有现代观念的饰品，这充分体现了人类思维和意识的不断演变，同时也是社会生产力、艺术、技术发生发展的鲜明见证，可以说饰品是人类生存发展中必将不断演变的重要物件。中华文化博大精深、源远流长，加快构建中国话语和中国叙事体系，是加强文化自觉和文化自信的体现。党的十九届五中全会提出了到2035年建成文化强国的远景目标。随着各项政策的推出，文创产业"更加充分、更加鲜明地展现中国故事及其背后的思想力量和精神力量"[①]的创意设计全面融入设计领域。

　　目前，不仅高等院校的艺术设计专业有"饰品设计""服饰品设计"等专业选修课程，这些课程在产品设计、服装设计专业中属于限选课程，而且很多著名艺术设计院校和地质类大学都有首饰设计专业或首饰设计相关的课程。纵观艺术设计大类专业，此类课程属于设计拓展类，旨在拓展设计思路、丰富设计类型，课程内容囊括文化衍生品设计、文化创意设计、首饰设计、服饰品设计、家具饰品设计、旅游产品设计等，培养学生主动探索不同课程间的材料应用、形态创意、工艺传承。本书适合专业人士阅读，对饰品有浓厚兴趣的人士也可将其作为一本系统提高可穿戴设计修养的实用读物。

---

① 沈正赋.中国国家形象国际传播的逻辑建构与策略优化[J].南京社会科学，2023（02）:96-106.

目录

MULU

第 1 章　**饰品的概述** ·································· 1

1.1　饰品的产生和文化内涵 / 3
1.2　饰品的类别 / 5

第 2 章　**当代饰品设计观念分析** ···················· 21

2.1　饰品设计的情、理分析 / 23
2.2　行为学分析的饰品设计 / 29
2.3　超观念群体的饰品设计 / 32
2.4　数理研究介入民间艺术资源的探索 / 34
2.5　历时与共时理念下的饰品设计 / 38

第 3 章　**饰品设计方法论的辨析** ···················· 43

3.1　需求分析类方法 / 47
3.2　符号学类方法 / 49
　　3.2.1　以江永女书为例的"符形"表现 / 50
　　3.2.2　饰品设计中的"符义" / 55
3.3　形态分析类方法 / 57
　　3.3.1　土家族织锦纹饰衍生设计 / 60
　　3.3.2　楚凤纹饰衍生设计 / 63
3.4　逻辑与算法类方法 / 65

3.4.1 参数化首饰设计 / 65

3.4.2 AIGC 生成式首饰设计 / 71

第 4 章 当代饰品的外在叙事 ⋯⋯⋯⋯⋯⋯⋯⋯⋯⋯⋯ 81

4.1 多模态的情境叙事 / 83

4.2 关系叙事 / 88

4.3 身份叙事 / 91

第 5 章 当代饰品设计的价值取向 ⋯⋯⋯⋯⋯⋯⋯⋯⋯ 97

5.1 个性与创意思维表达 / 99

5.1.1 定制化服务 / 99

5.1.2 现当代艺术思潮下的饰品 / 101

5.2 文化融合与文化可持续 / 105

5.2.1 传统文化精神的当代转译 / 105

5.2.2 传统工艺的坚守与创新 / 116

5.3 疗愈功能与情感价值 / 125

5.4 材料与去价值化 / 128

5.4.1 材料与造型 / 129

5.4.2 材料与结构 / 135

5.5 品牌与市场 / 142

结语 ⋯⋯⋯⋯⋯⋯⋯⋯⋯⋯⋯⋯⋯⋯⋯⋯⋯⋯⋯⋯⋯⋯⋯ 145

附录 ⋯⋯⋯⋯⋯⋯⋯⋯⋯⋯⋯⋯⋯⋯⋯⋯⋯⋯⋯⋯⋯⋯⋯ 147

参考文献 ⋯⋯⋯⋯⋯⋯⋯⋯⋯⋯⋯⋯⋯⋯⋯⋯⋯⋯⋯⋯ 149

第 1 章

饰品的概述

Shipin de Gaishu

作为一种具有艺术表现力的物质载体，饰品在一定程度上承载着文化信息、情感状况、个性特征和生活方式。广义的饰品是指用各类材质在不同环境、不同风格、不同物体上进行不同目的的修饰，通常具有表意性和精神性力量，是装饰艺术中最古老的表现形式。狭义的饰品主要指围绕人的生活和身体进行的装饰，而且，大多数情况下特指首饰。随着物质生活水平、精神需求的提高，首饰所传达的信息不再仅仅局限于装饰和保值，同时，也有许多符号学的意义，传达穿戴者的情感和个性，这也是本书研究的范围。

1.1　饰品的产生和文化内涵

饰品，也有人称为服饰品，特指除服装之外的所有人体装饰物，与人类身体、服装一起综合显示为旁人眼中的视觉形象，饰品在整体装饰中有时起到画龙点睛、连接各部分服饰的作用，有时起着烘托气氛、标榜身份地位的"符号"作用。

饰品的产生、发展和变化与人类社会生活的演进息息相关。从原始社会以巫术、祈求为目的，到奴隶社会、封建社会作为少数人的奢侈装饰物，饰品的文化内涵在不断变迁。随着资产阶级的诞生和地位提升、工业化文明程度的快速发展，饰品的设计从奢侈装饰逐步转变成为多数人服务的平民装饰品，呈现出在不同维度、不同阶层并存的状况，是各类当代艺术思潮、社会热点问题的集中反映。

"当代首饰"（contemporary jewellery）发轫于 20 世纪 70 年代，从诞生开始，不同的个体或群体对当代饰品的性质、属性、内涵的看法众说纷纭，莫衷一是。西方的艺术史学者利斯贝特·登·贝斯滕（Liesbeth den Besten）就使用了六个不同的词汇描述这个新生事物：当代首饰（contemporary jewellery）、工作室首饰（studio jewellery）、艺术首饰（art jewellery）、研究型首饰（research jewellery）、设计首饰（design jewellery），以及作家首饰（author jewellery）。[①]虽名称不同，但均表现为设计文化上的变迁，设计观念上与传统首饰设计的割裂，有着更多的个性化表达和研究性的试验特

---

① 维欧珠宝设计作品集，珠宝设计作品分享，2019。

征，且并不影响它作为一门新兴的艺术设计类别，于20世纪90年代开始在西方各大艺术院校快速发展。

科技的进步产生了许多新技术、新材料，而这些技术、材料也反映在饰品中，如诺阿·娜蒂尔（Noa Nadir）利用钟表零件设计胸针，反映了设计师收藏钟表零件的兴趣及充满绮丽幻想的创作热情，传达对时光的思考。图1-1是以钟表零件游丝、金属材质、米罗的点线面为元素设计的胸针。同时，以现成品（人造物、自然物）作材料创作也是当代艺术对传统饰品设计的颠覆和僭越。以色列饰品设计师丹妮娅·车尔明斯基（Dania Chelminsky）曾以树枝、植物种子、废旧工业产品设计制作饰品，她的作品是"将艺术品穿戴于身"的当代艺术观念的体现，映射出艺术性、审美原则、装饰性等方面的变化。图1-2左边是笔者以银杏叶、种子、点线面等为元素设计的项链，右边则是用松树、松果、琥珀为元素设计的现代简约饰品。

 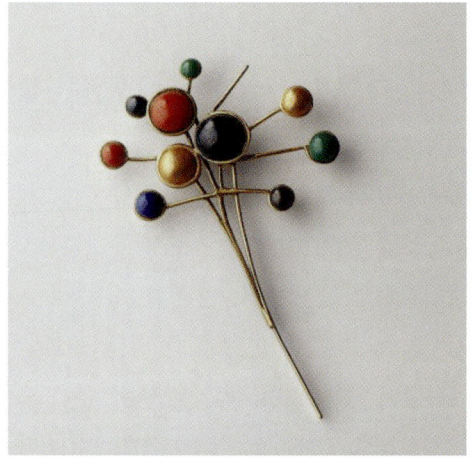

图1-1　以钟表零件游丝、金属材质、米罗的点线面为元素设计的胸针（刘喆倩）

图1-2　以植物及其种子等为元素设计的饰品（刘喆倩）

随着中国传统文化复兴的速度不断加快、程度不断加深，中国人的文化自信不断增强，从服装设计到饰品设计呈现出越来越多对传统文化的艺术转译、对国潮时尚设计的研究，传统国风设计的商品销售额屡创新高。以京剧元素饰品为例，这种饰品的设计意图一目了然，设计方法多为移植法，同形同构，如胸针设计中，以珍珠代替戏装的绒球、用宝石代替人的面部，戏剧符号性强；项链吊坠设计中，用小生、旦角头部行头造型进行视觉概括设计，两两相配的设计蕴含喜结良缘的吉祥寓意；头饰设计中，将传统点翠工艺复兴，或以新材料替代点翠，秉承环保、可持续发展的理念（以其他羽毛染色替代翠鸟羽毛）等。在迎合市场热闹、繁盛的表象背后，也暴露出一些问题，如设计方法陈旧、产品同质化严重、文化出海的策略性研究较少等，这些也是本书欲极力探求解决的问题。

1.2　饰品的类别

饰品按用途可分为：服饰品、家居饰品、户外饰品。有些饰品既是功能性产品，又是装饰性产品，如家居饰品中的台灯、凳子、杯子等，服饰品中的围巾、腰带、手表等。

1.2.1　服饰品

服饰品主要是围绕身体（body objects）进行的装饰，既有昂贵的珠宝首饰，也有创意的博物馆衍生文创饰品，也可以是服饰配件。按照装饰的目的和用途，服饰品设计可分为以下几种：

（1）首饰设计。首饰主要包括颈饰（项链等）、胸饰（胸针、吊坠设计等）、耳饰（耳环、耳钉等）、手饰（手镯、戒指等）、臂饰、脚饰等，设计题材广泛，如卡地亚自然野生 Nature Sauvage 高级珠宝系列中的鳄鱼项链，以钻石和祖母绿抽象地表达水波与鳞甲；戒指设计灵感来自"万物之美"，每款戒指犹如一个微型世界：一本古生物画册中的甲壳、荷马史诗中的神话生灵奇美拉（Chimera）、菊石化石、海怪、行星、矿物晶体及中式鬼工球的造型。图 1-3 是笔者将软硬材质感觉作对比，以羽毛和"重生"为主题设计的戒指，表达凝重与轻盈并存的状态。图 1-4、图 1-5 是基于 MoMA[①]藏品和其他当代艺术作品的衍生饰品设计。另外，与奢侈品品牌或与艺术家

---

① 　MoMA，纽约现代艺术博物馆（The Museum of Modern Art）的简称，https://www.moma.org.

联名也是博物馆衍生文创饰品设计的一大方向。

还有一类特殊的首饰是中国清代贵族女性指甲套。表1-1对其进行了整理：造型多为上宽下窄的结构，整体呈弓形，长度为5厘米至10厘米不等；除了传统的金银材料，珐琅、玉材等也运用其中；装饰图形多用吉祥纹样，这一时期中国传统美甲艺术除了装饰作用，还是身份和地位的象征。

图1-3　以羽毛和"重生"为主题的珠宝设计（刘喆倩）

图1-4　以MoMA藏品为灵感的饰品设计
（刘喆倩）

图1-5　以当代艺术作品为灵感的饰品设计
（刘喆倩）

表1-1　中国清代贵族女性指甲套整理

名称	造型	内容阐释
银鎏金累丝嵌珠石指甲套		长9厘米;使用累丝和银鎏金的传统工艺;外观以点翠装饰蝙蝠图案和寿字图案;蝙蝠纹和寿字纹有着吉祥长寿的寓意
铜镀金累丝点翠竹叶纹流苏指甲套		采用累丝工艺编织竹叶纹;表面以点翠竹叶加以装饰;竹叶象征事业有成、长寿安宁等
金指甲套		长7厘米;由基底至尖端收起呈圆锥状;外部刻有莲花纹和古钱纹;莲花纹寓意福瑞吉祥
玳瑁嵌珠宝花卉指甲套		长105厘米;通体以玳瑁为主要材质,开口镶嵌金边;使用珠宝镶嵌成的花卉作装饰
金錾古钱纹指甲套		长5.2厘米;以金片锤揲弯卷而成,表面装饰使用累丝工艺;表面使用双连古钱纹;古钱纹寓意好事成双、镇鬼辟邪
金镶石珠指甲套		长10厘米;使用累丝工艺,由细金丝编织焊接而成;套环图案上点缀五朵兰花,兰花由珍珠和红绿宝石组成;兰花有着高贵典雅的传统寓意

（2）头饰设计。头饰主要包括帽子、头花、发卡、皮筋等。头饰，在古代中外文化中都彰显着地位和身份，如统治者帝、后的头饰，还有在中外少数民族和原始部族中也分外多姿多彩，反映出浓郁的民族习俗风尚和古老的文化传统。如中国苗族女性银头饰，包括银冠、银帽、银角、银扇、银围帕、银飘头排、银发簪、银插针、银顶花、银网链、银花梳、银耳环、银童帽饰，展现了一个瑰丽多彩的艺术世界，也显示出丰富的精神内涵。中国云南花腰傣是中国傣族的一个支系，是古傣族在迁徙过程中遗留在哀牢山腹地的古滇国皇族后裔，完整保留了对自然与灵魂的崇拜，其帽子兼具实用与装饰功能，极具民族文化特色；20世纪，西方女子戴帽是一种礼仪，有身份的女子在公共场合不戴帽子被视为失礼的行为；19世纪浪漫主义思潮在帽饰上延伸出许多不同变化，帽子体现了已婚妇女在家中的地位，也是丈夫社会地位与经济地位的表现，这种表达模式一直持续到20世纪；赛马是精英阶层与富人们专属的昂贵运动项目，观众常借此以最具设计感、最时尚的帽饰来彰显自己的与众不同。图1-6是现代工业设计化产物：时尚塑料头饰设计，传达当代艺术家对环境问题的思考。

（3）眼镜设计。眼镜从中国古代的"璇玑玉衡"——观测天象的仪器到北极地区因纽特人（Inuit）使用各种骨制、木制、树皮、金属制作的只有一条缝的防止阳光在雪地反射炫光的"雪镜"（图1-7是以因纽特雪镜为灵感设计的护目镜），发展到现代作为矫正视力的装备、时尚的配饰，无不与科技进步、艺术思潮、人文关怀紧密相连；自带摄像头的Ray-Ban Meta智能眼镜发布不到两年，销售已经突破百万副大关，苹果也预计于2027年推出能够连接iPhone的智能眼镜，据称此智能眼镜不仅具有蓝牙耳机功能，更可以用于观看视频等。还有时尚秀场设计的诸多眼部饰品，如华人设计师（黄强Victor Wong）以亚特兰蒂斯水体为灵感设计的装饰眼镜。另外，眼镜设计也可以延伸到眼罩的装饰设计，随着人们工作、学习时间不断延长，及时的眼部护理需求催生了形形色色的眼罩，图1-8是笔者基于武汉地域文化特色设计的装饰蒸汽眼罩，获得消费市场、企业的好评。

（4）手表设计。世界上第一块怀表由德国锁匠彼得·亨莱因（Peter Henlein）制作。卡地亚设计第一款腕表的时间是1904年，是路易·卡地亚为他的朋友阿尔伯特·山度士·杜蒙设计的Cartier Santos，目的是解决飞行时读取时间的问题。欧米茄（OMEGA）的星座系列腕表，标志性的设计元素包括表壳两侧的抛光托爪及表壳两端经典的半月形切面，表圈铺镶钻石，经PVD处理的紫色表盘用蚀刻技术打造螺旋式纹理的星光图案，整体由18K金表壳搭配精钢制造。卡地亚Santos-Dumont腕表，精钢表壳，圆珠形表冠，镶嵌1颗蓝色凸圆形宝石的灰褐色漆艺阳光射线纹饰表盘，合成蓝宝石水晶镜面。现代腕表呈现奢侈品珠宝特质与高科技多功能智能计时功能并

图1-6　时尚塑料头饰（刘喆倩）

图1-7　以因纽特雪镜为灵感设计的护目镜（刘喆倩）

图1-8　装饰蒸汽眼罩（刘喆倩）

存的状态，单一功能的手表处于非主流地位，有些仅仅作为快销品的时尚搭配。卡西欧（CASIO）重新设计的"超级反派"B001系列男士多功能腕表，其设计亮点在于镀金和彩虹色，并配有可互换的聚氨酯表壳和树脂表带，以轻松的样态一改腕表严肃、奢华的特性。另外，还有其他探索性设计，如以《星球大战》为灵感的复古未来设计等，国内华为、小米、Keep也开发了众多智能手表，除了计时的基本功能外，更有健康监测、运动健身、通知提醒、支付功能等，极大地提升了用户的生活便利和健康管理水平，成为一种可穿戴智能设备。

（5）鞋类设计。鞋类设计需要了解人体脚的结构。脚大体可分为前掌（受力）、足弓、后跟（平衡作用）部分，平跟鞋脚掌、脚后跟平均受力，高跟鞋前掌受力，后跟可控制鞋子行进方向，因此鞋跟常常是鞋子设计创新的关键点，历史上有路易斯跟（Louis heel）、马蹄跟（spool heel）、猫跟（kitten heel）、细高跟（stiletto）等，并沿用至今。图1-9展示了不同种类鞋子的结构名称。鞋类设计按性别分为男鞋、女鞋设计，按材料分为皮鞋、布鞋、胶鞋设计等，按季节分为凉鞋、春秋鞋、棉鞋、靴子设计，按鞋帮高矮分为低帮鞋、中帮鞋、高帮鞋设计，按鞋跟样式分为平跟鞋、坡跟鞋、中跟鞋、高跟鞋、超高跟（恨天高）鞋设计，按穿用的场域分为运动鞋、护士鞋、军靴、雨靴设计等；除了日常穿着的鞋子，还有创意鞋设计，并不遵循鞋类工厂、作坊的量产设计，而是在工作室探讨包裹足部的各种可能，抑或类似行为艺术的创作，如荷兰设计师马洛斯·腾·博默（Marloes ten Bhömer）的作品，鞋子采用皮革折叠、包裹在不锈钢架（或碳纤维材料）上，颠覆传统的鞋底、鞋帮、鞋舌、鞋跟的设计，使用其他工业材料和塑料制作，将抽象概念与材料融合，实现意象与现实的探索，他说："不仅材料和制作方法可以改变鞋子，行走的方式和思想同样可以。"[1]

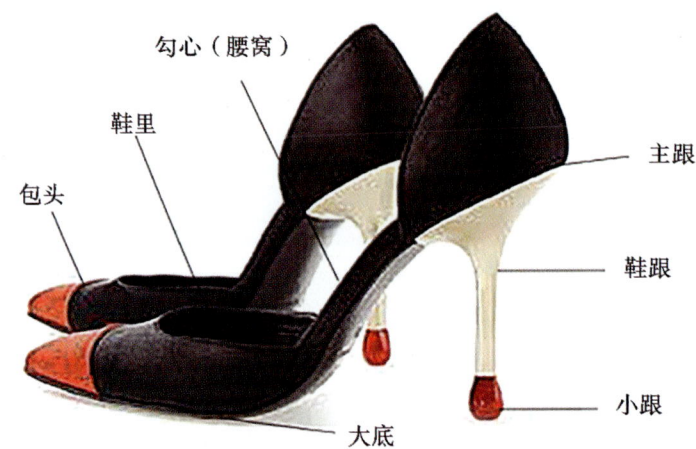

勾心（腰窝）
鞋里
包头
主跟
鞋跟
小跟
大底

图1-9 不同种类鞋子的结构名称

① http://www.333cn.com/shejizixun/201937/43497_156220.html.

续图1-9

图1-10是笔者所在的"文创产品创新研究"团队的成员在对武当山十方布鞋研究的基础上设计的基于足部动作习惯的武术鞋的爆炸图及效果图。

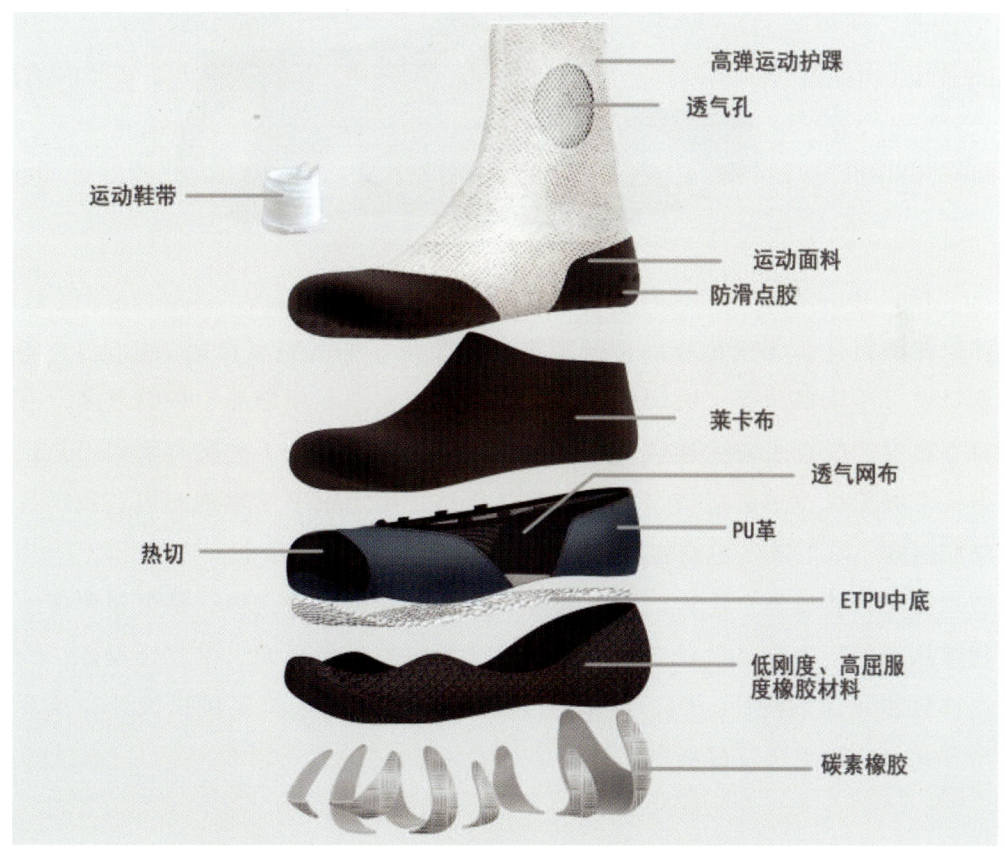

图1-10 多组合形式武术鞋的爆炸图及效果图（夏薪乔）

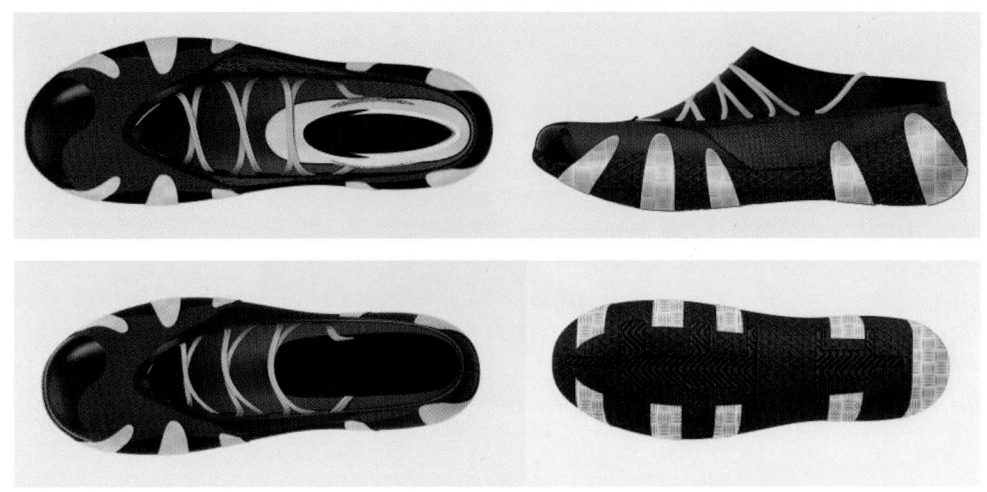

续图 1-10

（6）腰饰设计。云南傣族的传统腰饰有银腰带、钥匙链（已婚的标志）、多链须坠、烟草盒、小槟榔盒等。银腰带是傣王时期王室女性专用饰品，种类繁多，有长有短，有宽有窄，既有表链式连接又有蛇骨式连接，既有花丝工艺又有錾刻工艺；中间的腰带头常以无忧花形态造型，有时点缀红宝石，用足银手工錾刻而成。我国其他少数民族如白族、哈尼族等也有银腰带饰品，是能带来好运的象征。

（7）围巾（披肩类）设计。围巾既是装饰品，又是御寒之物，是很多奢侈品品牌和博物馆热衷的衍生饰品设计产品，围巾设计大多数是平面的二维纹样设计，少部分探讨立体包裹颈部的设计。图 1-11 展示了课题组①的颈部装饰及围巾设计，涉及不同的造型方式、装饰手法及材料。

---

① 所涉课题名称为"基于博物馆定级评估标准的文创产品开发研究"。

图 1-11 颈部装饰及围巾设计（刘喆倩）

（8）包袋设计。包袋是身体的延展，从民族褡裢到日本的包袱皮，再到现代意义的手拿包、挎包、单肩包、双肩包，包袋与人体的关系在被人们不断探寻。包袋是社会生活与个人特质的反映，兼具功能性和装饰性。香奈儿的流浪包（Chanel Gabrielle）有双链条，探索了包与身体建立联系的多种方式，由设计总监卡尔·拉格斐（Karl Lagerfeld）亲自完成设计，多种的背带方式继承了香奈儿不拘一格的创意精神。梅森·马丁·马吉拉（Maison Martin Margiela）为 H&M 设计的糖纸手包反映了波普艺术在时尚设计中的应用；基于俄罗斯圣彼得堡冬宫藏品马蒂斯作品的衍生包，基于大英博物馆、大都会博物馆、法国卢浮宫藏品的衍生包设计，反映了纯艺术进入人们生活的路径，它们各自突出了创意背包容器和形态的可能性探索、仿物形态移植的趣味化设计、博物馆藏品的传播设计。图 1-12 是课题组基于环保意识和自然形态设计的创意包袋。

图 1-12　创意包袋设计（刘喆倩）

博物馆是人类最伟大艺术经典的圣殿。服饰品在博物馆文创衍生品中也是一个经典的大类，其更新换代较慢，热点延续时间较长，是博物馆馆藏艺术推广的主要手段，其中既有纯装饰意义的饰品，也有功能性的服饰配件，随着科技的发展，服饰品的功能和装饰意义也日趋渗透融合，界限逐渐模糊。

图 1-13、图 1-14 是可穿戴饰品部位及饰品形态分析图。可将人体的身体部位及饰品形态归纳为：头部，球体；装饰造型主要是以半球形、圆形、半圆形为基底的设计，如帽子设计（围绕球体展开），发箍、眼镜设计（围绕圆形、半圆形展开）。脖子、四肢、手指和腰部，圆柱体，其装饰造型基本是环绕和缠绕式设计，如围巾、项链、颈饰、手镯、臂钏、戒指、腰带等饰品设计。肩部及躯干，箱体；可做平面和立面的装饰，如肩头的带襻、花卉，以及向下延伸的流苏等。胸部、背部，立面；装饰造型设计如胸针、扣花，或与肩颈相关的披风、云肩等。另外，还有穿孔设计的，如主流饰品设计耳饰，非主流的鼻饰、唇饰等。

1.2.2　家居饰品

家居饰品（home accessories）设计主要包括室内的陈设和功能性产品设计，家居饰品的更新迭代速度相较服饰品而言要更慢一些，有些经典风格的设计经久不衰，可常年销售，尤其是以博物馆藏品为灵感设计的文创衍生品，如美国纽约现代艺术博物馆纪念品商店的产品、英国大英博物馆的文创衍生品、法国奥赛博物馆的文创衍生品等。家居饰品具体可分为以下类别：

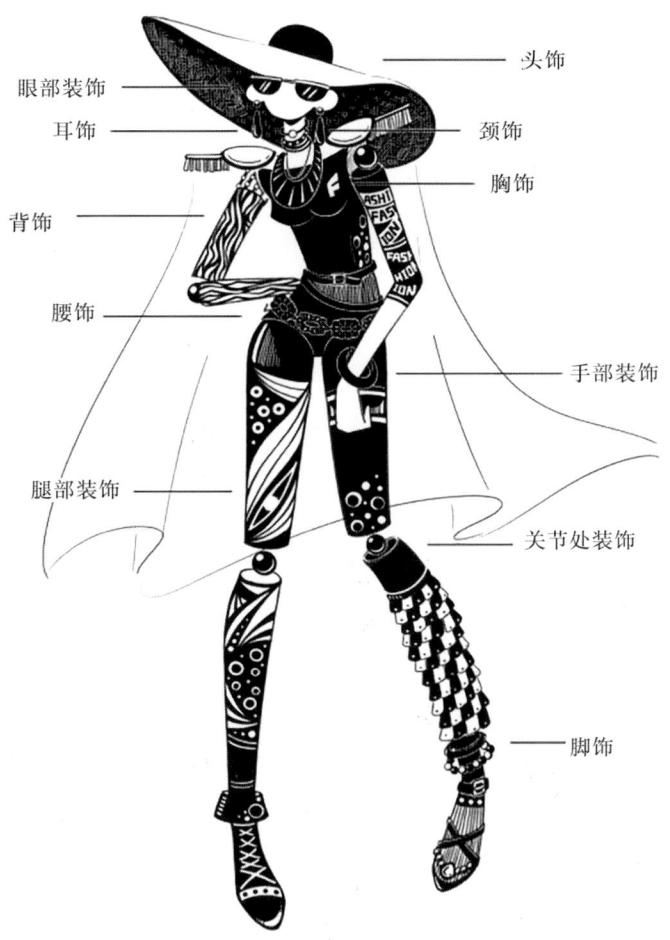

眼部装饰

耳饰

背饰

腰饰

腿部装饰

头饰

颈饰

胸饰

手部装饰

关节处装饰

脚饰

图1-13 可穿戴部位及饰品形态分析图①（刘喆倩）

（1）室内软装饰，包括布艺、床品、抱枕等。

（2）计时类饰品。

（3）餐具。含烹饪设施和中、西餐具，如杯子、碗盘、刀叉、筷子等。美国纽约现代艺术博物馆的文创产品泡泡砂锅和Cocca Moka特浓咖啡壶，以孟菲斯风格为设计灵感，使用经典的红黄蓝三原色和基础的几何造型，打破传统厨具的形式，是家居饰品创意装饰性与实用性结合的典范；再如英国大英博物馆的藏品衍生的文创杯子，同样是以装饰为主要目的。

（4）坐具类。

（5）架几类，包括相架、书架、花架等。

（6）灯具。

（7）卫浴用品，包括清洁工具、防滑垫等。

（8）其他饰品，如冰箱贴等立面墙饰，还有文具类等。

图 1-15 是课题组设计的纳西族东巴文墙饰、挂钟。

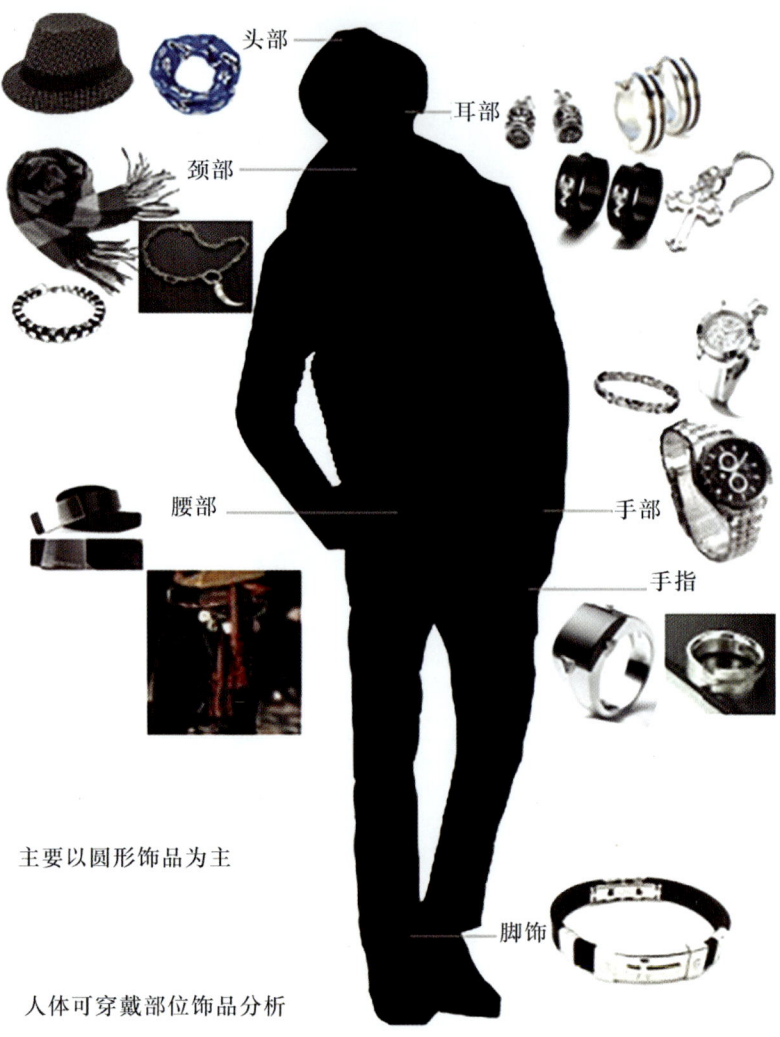

头部

耳部

颈部

腰部

手部

手指

脚饰

主要以圆形饰品为主

人体可穿戴部位饰品分析

图 1-14 可穿戴部位及饰品形态分析图②（刘喆倩）

图 1-15 纳西族东巴文墙饰、挂钟

续图 1-15

国内家居饰品的开发多是基于地域文化和传统民族文化，品类较多，但创意仍需突破思维禁锢、打破框架。以装饰灯具为例，故宫淘宝、敦煌研究院旗舰店中的文创灯具数量约占店铺内所有商品的 2%，中国国家博物馆旗舰店约为 4%（见图 1-16）。文创灯具与普通照明灯具相比，设计感强、有装饰性，如敦煌研究院旗舰店的九色鹿纸雕灯，主体画面以层叠形式展开，灯光从缝隙间透出，带来视觉上的愉悦感受；但总体来看，文创灯具价格偏高且同质化严重，在文化内涵挖掘和表现形式上仍缺乏理论深入和多维度实践。

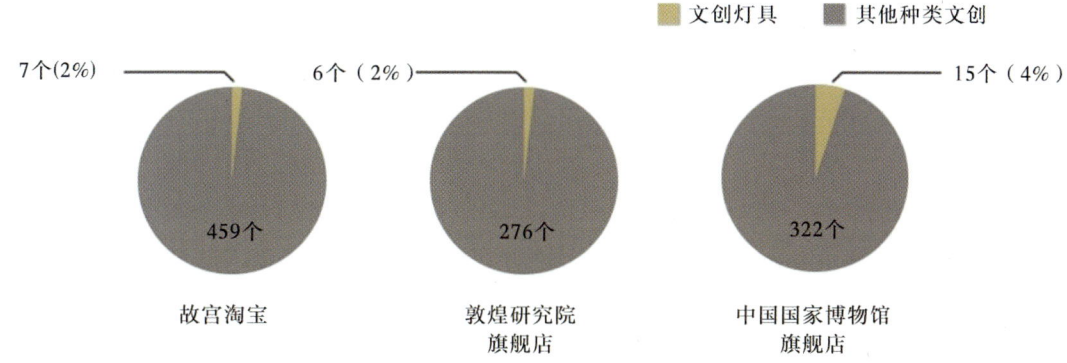

图 1-16　故宫淘宝、敦煌研究院旗舰店、中国国家博物馆旗舰店文创灯具占比

本课题[①]研究从用户行为和使用（收纳）方向对文化进行了多方位探索，借鉴当代艺术观念剖析现有设计弊端，将纯艺术创作思路拓展到产品设计、饰品设计领域，如在当代艺术展中，有艺术家的装置作品将日常普通的废弃饮料瓶和传统的儿童摇摇马组合，形成具有收纳与娱乐功能的艺术装置，对艺术设计颇有启示意义。图 1-17 是笔者根据中国生肖鸡年主题设计的家居系列收纳摆件，左图是以面为主要造型元素做

---

①　课题名称为"基于行为传递的抗焦虑文创产品设计与实践"。

的归纳，以石材的肌理表现公鸡的刚强，右图是以线造型为主，表现母鸡的柔和，两个物品的开合方式隐藏在线的结构连接缝中。

图1-17　鸡年生肖收纳摆件（刘喆倩）

图1-18是课题组成员设计的戏曲U形枕、睡帽、抱枕组合，不仅对传统经典形态、色彩构成进行精炼与转换表达，而且多维度地考虑具身体验，在主体部分做出镂空"隧道"，使得长条形颈枕（内置可塑形材料）作为两"手臂"穿过主体"环抱"使用者，并与使用者形成互动，增加使用者二次设计的趣味，同时考虑模块化的设计，将U形枕和睡帽收纳组合设计形成新的造型，整个组合设计挖掘民族艺术内涵并将之进行外显转译，既有传统韵味，又满足当下生活，改变U形枕等软装饰物仅仅局限于平面纹样的创新设计，使其有更多交叉学科、跨界设计的理念。设计师黑川纪章（Kisho Kurokawa）也曾说："只有对传统中看不见的东西有真正的理解，才能把其中最有特色的部分作为符号分解、抽离出来，再将这种符号运用到新的符号系统中，形成现代的风格。"[1]

图1-18　戏曲U形枕、睡帽、抱枕组合设计（魏飞燕）

---

① 刘喆倩.潮玩的"趣味"符号及主旋律设计策略研究[J].设计艺术研究，2024，14（05）：52-56.

　　户外饰品和服饰品、家居饰品两类有交叉重叠，如坐具类、伞具等，同时，还包含车载饰品（香氛、手机支架等），在此不再赘述。

　　本书将研究范围限定在服饰品设计类的首饰设计中，主要从深受当代艺术观念影响的前沿饰品设计出发，探讨观念的设计转换价值、佩戴的行为价值、商业的推广价值，从心理学、文化传播学的角度对饰品设计理论与实践研究做进一步探索。

第2章

当代饰品设计观念分析

Dangdai Shipin Sheji Guannian Fenxi

　　首饰是当代饰品中观念表达最充分的装饰品，且与人体的关系最密切，因此，"首饰是穿戴于身的艺术、行走的观念传播机器"不失为一种贴切的说法。本章以剖析饰品设计观念为目标导向，进行饰品设计的情、理分析，以独特的个人视角，从理论与实践方面阐释饰品设计的思维及其所传递的情感；用行为学理论和心理分析探讨消费者喜爱/追捧饰品的原因；用直觉体会材质充满个性的生命象征，通过对超观念群体的饰品设计进行多维度多因素的综合分析，阐明超前饰品的设计观念；以热点话题"传统文化复兴下的饰品设计"为切入点，剖析民族艺术与科学理论、地域文化的时尚化转译，助力传统民间艺术的时尚化创新；站在文化的历时性与共时性视角，对饰品设计的经典案例进行观念剖析，为后续设计方法论打下基础。

2.1　饰品设计的情、理分析

　　衣食住行，衣（服装）排在首位，而饰品和服装密不可分；时尚潮流瞬息万变，每个人都被裹挟其中，即使对时尚毫无兴趣的人也难免受其影响。传统社会中，绅士戴礼帽，工人戴便帽，无数的细节能暴露穿戴者的身份、职业、兴趣爱好。服装也能"歪曲"信息，商业社会中，人们可以通过着装使自己成为想要成为的角色，通过服装重塑自我。设计师 Mor Carolina Berger 曾说："我选择将情感平衡系统呈现在身体之外，从而将有形的身体转化为情感的表征。"

　　饰品的"情"是将内在感情、感受通过不同方式发散外显，表现为以下三个方面。

　　（1）个性化表达。饰品设计唯有个性化才能存在，设计师往往会将个人情感、故事、体验和审美趣味以不同的饰品造型、组合呈现，以传达其独特的个性。

　　（2）文化内涵。不同国家、不同地域都有其明显的文化特质，饰品设计植根于传统文化的土壤，是有感而发、自然而然地阐发，而有时，异文化的灵感也能启发饰品设计的创新。

　　（3）材料和工艺。东西方在饰品材料选择和工艺制作上有明显的差异，东方文化以谦谦君子温润如玉来表达修养，用"琢""磨""圆润"传达情感的厚重；西方文化以鲜亮、跳脱为上，因而在宝石排序上，西方文化更强调祖母绿的靓丽、钻石的闪耀，而且宝石均用几何造型切割、打磨抛光，将宝石对光线的折射体现得淋漓尽致，使其光彩夺目。因而，饰品的"情"既有含蓄的、内敛的、物我一体的低调，又有热烈奔放、炫彩奢华、绝世独立的光彩夺目。

饰品设计中的"理"是指理性和科学，表现为以下三个方面。

（1）对市场的调研。在饰品设计之初，尤其是商业饰品，必定要对市场进行充分的调研，了解消费者的需求、喜好和消费能力，力争以超前的设计理念引领市场。

（2）材料科学。饰品设计对材料特性尤为讲究物尽其用，即对材料的质地、颜色、光泽等的合理利用，如中国玉雕的巧色、天然宝石的人工筛选、优化的科学改进手段等；饰品设计对技术的要求是对市场良好反馈的回应，如3D硬金的出现、彩色电镀铝金属的应用等。图2-1展示的是一枚戒指，主石为一颗椭圆形切割的白水晶，底座由彩色电镀铝金属制作，设计成叶子造型并在中间镶嵌一颗水晶。图2-2展示的是一件胸花饰品，由两个中间镶有宝石的彩色电镀铝金属白菜组成，边缘用金属勾勒点缀。不同的材料、技术能带来不一样的穿戴体验。

图2-1　白水晶与彩色电镀铝的工艺设计：戒指　　　　图2-2　宝石与彩色电镀铝的工艺设计：胸花
（刘喆倩）　　　　　　　　　　　　　　　　　　　　（刘喆倩）

（3）结构技术的精进。如在饰品设计中将传统工艺榫卯结构加以转化应用等。中国是一个传统的农业国家，千百年来，二十四节气的历法记录反映了气候特征，有着记载时令顺序、物候变化、天气现象等方面的实际意义，在农业生产、生活中起着不可忽视的重要作用。随着城市化进程的推进，节气知识变得看似"没有用"，但对节气文化内涵的研究、文化延伸、转换路径的研究却一直在持续，这从一个侧面表明学者们对中国传统智慧的尊重与情感。课题组以传统历史文化特征和物候现象、植物生长规律、生活习俗为题材，对二十四节气进行信息图示化展开，将平面效果立体化，错落分层，借鉴榫卯结构进行设计，将燕尾榫作为基础形态，串联不同模块部件，每个节气单独的部件可以作为耳钉、胸针佩戴，也可组合成为新的形态，构成超过 24 种佩戴方式的多个具有节气特征的戒指、胸花、吊坠、耳饰，不仅将传统文化注入饰品，使其具有文化内涵，同时也赋予了首饰设计可持续性、审美多元化的特征，实现首饰设计"情感＋互动＋文化符号"的初衷。"犹月令"二十四节气饰品设计图详见图 2-3 到图 2-6。

图 2-3 "犹月令"芒种、大暑节气设计图主花+配件的模块化设计（张欣然）

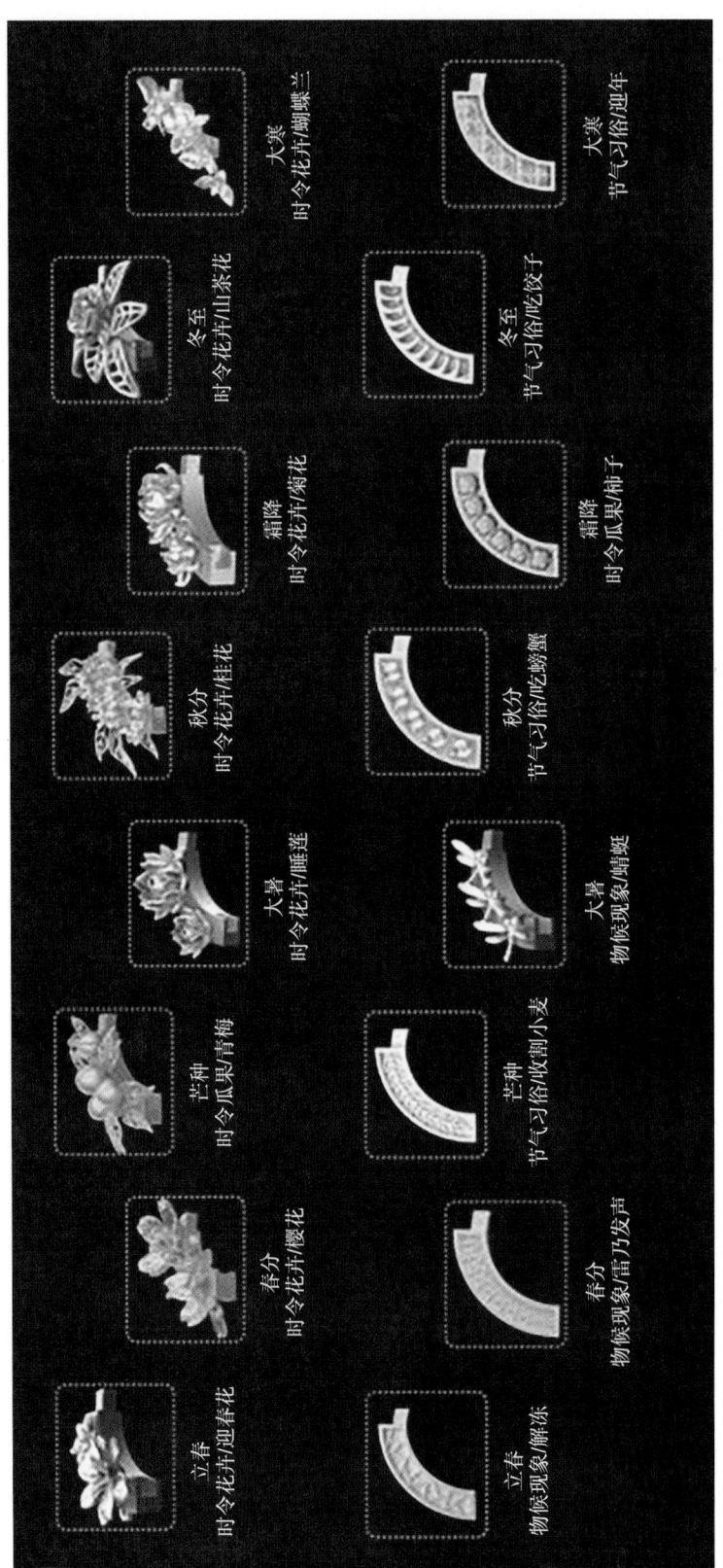

图 2-4 "玩月令"时令花卉+物候现象、时令特征的饰品组件（张欣然）

图 2-5　"犹月令"立春、春分、芒种、大暑、秋分、霜降、冬至、大寒节气元素饰品的拆解、组合

图2-6 "犹月令"耳饰、项链、戒指的佩戴展示（张欣然）

在这组"犹月令"二十四节气饰品中,饰品设计的"情"以人对自然的崇敬、喜爱为故事线,以人与自然和谐相处的天人合一思想为基础,如以传统文化中"梅花香自苦寒来",为灵感来源,以冰裂纹、腊梅作为励志的符号,也作为立春的信息表达,传达了中国文化中的积极因素,能给人以正面情绪和正向激励。在大寒节气饰品中,用现代家庭春节常用的装饰花卉蝴蝶兰作为主要元素,用福字窗花和钱袋、红包、雪花作为点缀元素,是传统与现代叙事的共时性体现。

"理"在该组饰品设计中表现为数理上的模块化结构设计,可更迭替换的首饰拼接件体现现代化加工标准化的特质;从"时令文化"这个主题出发,借鉴传统文化中的四季更替观念,辅助设计形态用"五行色"配比（金对应白色,木对应青色,水对应蓝色,火对应红色,土对应黄色）的珐琅点彩上色,体现强烈的民族文化自豪感,不仅可以让佩戴者深入了解二十四节气的物候现象、风俗习惯等,也增强了佩戴者与首饰的互动。

2.2　行为学分析的饰品设计

德国社会学家格奥尔格·齐美尔（Georg Simmel，1858—1918年）说过，时尚总是处于过去与将来的分水岭上，结果，至少在它达到鼎盛的时候，相比于其他现象，能带给我们更强烈的现在感。[①]饰品在时尚领域没有时装的转瞬即逝属性，是因为传统饰品的财富价值和情感价值不容忽视。课题组在作为礼物的商品需求调研中，饰品的得票率远远领先于其他商品。另外，作为礼物的饰品类型需求调研显示，排名从高到低依次为：耳环、手链、项链。琳达·格兰特在《穿出来的思想家》中表示："对财富的炫耀以及对名牌的挚爱，这些基本的庸俗行为都是生命力的表现。"[②]在此，炫耀、庸俗行为不是贬义，而是基于人性的潜意识和较高层次的心理需求，是财富观念的传递，而本节主要探讨基于疗愈和情绪心理需求的行为学分析的饰品设计。

饰品能针对性地满足佩戴者在不同情绪状态下的心理需求，从而起到调节情绪、管理情绪的疗愈功能。情绪具有复杂性，普拉契克的情绪轮理论（Plutchik's Wheel of Emotion）指出，情绪有八类：喜悦、信任、恐惧、惊讶、悲伤、厌恶、愤怒和期待，且喜悦与悲伤、恐惧与愤怒、期待与惊讶、厌恶与信任是彼此相对的情绪。Feidakis等基于离散模型提出了包含66种情绪的分类方案，含10种基本情绪（愤怒、期待、不信任、恐惧、快乐、喜悦、爱、悲伤、惊讶、信任）和56种次级情绪。埃克曼等则将情绪分为快乐、愤怒、悲伤、惊讶、厌恶和恐惧6种基本类型，这也是情感识别研究中最常见的情绪分类。个体的情绪、心理及对应与首饰互动行为变化如表2-1所示。

表2-1　个体的情绪、心理及对应与首饰互动行为变化

情绪		心理	与首饰互动行为
正向情绪	喜悦	高兴、满足	把玩、轻触、亲吻
	信任	安心、可靠	摩挲、凝视、嗅
	期待	兴奋、希望	触碰、抚摸
	惊讶	意外、震惊	举起、触摸、嗅
负向情绪	恐惧	难过、失落	观看、遮挡、转动

[①]　（英）琳达·格兰特.穿出来的思想家[M].张虹，译.重庆：重庆大学出版社，2014：118.

[②]　（英）琳达·格兰特.穿出来的思想家[M].张虹，译.重庆：重庆大学出版社，2014：194-195.

续表

情绪		心理	与首饰互动行为
负向情绪	悲伤	反感、恶心	挤压、捶打、摩擦
	厌恶	生气、烦躁	拍打、按压、紧握
	愤怒	害怕、紧张	紧握、挤压、拍打

行为学习理论（learning theories of behavior）认为人的正常和病态行为包括外显行为及其身心反应是通过学习而形成的，学习是支配人行为和影响身心健康的重要因素，对行为的干预可矫正问题行为，治疗和预防疾病。饰品设计在行为干预方面主要涉及感官维度和交互维度，针对正向（积极）、负向（消极）的情绪，心理需求以及对互动的需求进行相应的反馈或干预设计。

感官维度的行为主要体现在视觉上，是静态的。被誉为"中国首饰艺术"开荒者的滕菲教授，将首饰视为自己的"第二语言"，1988年8月，她为自己量身定制了

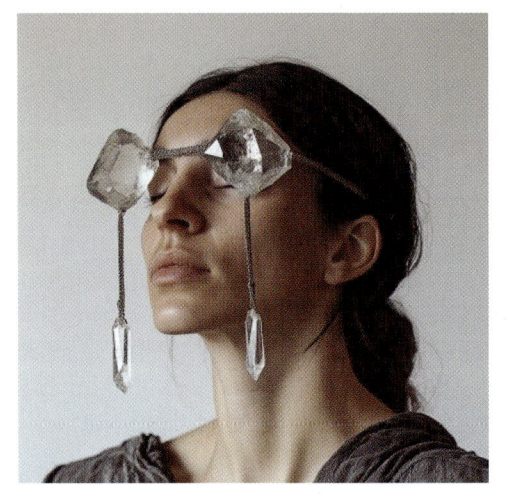

图 2-7　身体装置设计作品（刘喆倩）

"那个夏天"银项圈，以纪念儿子的出生以及自己独特的体验。别具一格的造型和佩戴方式令人动容，诸如此类的饰品既可以看作首饰设计，也可以被认为是行为艺术，满足艺术家情感的宣泄，也使观看者回忆起自己的经历，产生共鸣。艺术家新里·亚纪子（Akiko Shinzato）的作品《Another Skin》显而易见是艺术家在探索身体之外的视觉衍生可能，既具备雕塑艺术的独立展示功能，又是能触碰的身体装饰。图2-7为刘喆倩的身体装置设计作品，探索了水晶材料与身体

（眼睛）的关系及应用，传达了作者对物品形态与情绪传达的思考。

同样，将嗅觉作为饰品设计的主题古今中外都有很多案例。春秋战国时期，人们就已将熏草、佩兰、郁金、茅草等放在香包中，随身携带；唐代更是出现鎏金香薰球，其内部结构可以随时保持平衡，当时的著名诗人元稹在《友封体》中有这样的诗句："微风暗度香囊转，胧月斜穿隔子明"，表露出一种离别的情感，传达了诗人对友情的珍视和对友人的关心。当代观念首饰设计师也有以嗅觉作为主题的设计作品，如来自荷兰的伊娃·范·肯彭（Eva Van Kempen）用医药水瓶制作"生命之香"挂饰，通过让佩戴者主动嗅闻医疗气体（仅用安全的医疗废物）唤起其经历和记忆。当然，更多的是用不同类型的香氛来调理情绪的挂饰、戒指等。

激发用户行为习惯的首饰结构和肌理如表2-2所示。研究表明，细微的触觉体验符合行为心理学中的"锚定效应"（anchoring effect）和"习惯回路"。

表2-2 激发用户行为习惯的首饰结构和肌理

行为习惯	首饰结构、肌理
摩挲	凸起纹理
紧握	弧面、流畅线条
旋钮、转动	可活动的轴、滚珠
按下	凸起的形态
挤压	可调节设计、折叠、缠绕

动力学首饰领域的重要人物弗里德里希·贝克尔（Friedrich Becker）有金匠背景，他从航空机械师角度审视首饰设计，通过探索首饰和身体的联系，增加佩戴者的动态感官体验。20世纪50年代早期，他创作了可双向佩戴的戒指，随后几年，他制作的首饰可任由佩戴者改变形态。1964年后，他将机芯的运动方式加入首饰设计理念中，让首饰随着佩戴者的活动而灵活转动，让首饰记录手和周围大气的运动，使人们在情感上与作品互动；通过不同轴的旋转形成不同形态的胸针，满足佩戴者喜悦、兴奋、悲伤、恐惧等不同的情绪需求，让佩戴者通过与首饰的互动（旋转）宣泄自身的情绪，达到情绪从负向到正向的转移。他的学生迈克尔·贝尔格（Michael Berger）从传统商业首饰工坊转向他位于杜塞尔多夫的工坊，其间也创作了动力学首饰，通过机械连杆运动方式，不用借助任何电力或磁力，佩戴者偶然的动作就能激活戒指组件，让其通过连杆进行旋转。相比贝克尔，贝尔格的作品增强了佩戴者的舒适度，不佩戴的时候，每一件首饰都是微型动力雕塑。2018年，贝尔格创作了有关于签名收藏家Goethe的作品，并用图形方式视觉化了戒指的运动，用首饰书写了人的动作、交流等轨迹，加上日期、签名和序列号记录在纸片中，纸盘上记录佩戴者运动轨迹的纸片可更换。

乔治·里基（George Rickey）1975年创作的名为"两条螺旋线"的项链用镀金钢丝制成，对动力学装置领域的艺术家和设计师有着极大的启发和影响；出生于日本的艺术家伊藤彩（Ito Aya）以"身体/运动"为出发点，尝试将动力学运动连接到身体，展示人与物之间细腻的情绪和情感，模块化结构饰品"fu-ka"，可以根据佩戴者每天的心情和实时情绪进行自我解构和重构，通过动态部件的搭配，情绪被首饰视觉化并展现在外部。

游戏化的行为也是饰品设计的观念之一，游戏有助于调节心理、释放压力、获取精神安慰和自我认同。游戏行为的饰品承载了青年亚文化的观念和意义，有着时尚、猎奇、审美的文化属性。设计师尹德鲁（Dukno Yoon）的"会动的首饰"是他标志性的个性语言，Suspended Wings系列给冰冷的材料和结构注入了柔和的情感，通过结构设计，使"羽翼"在翻动时弯曲，形成模拟飞行的动态。

亚伯拉罕·H.马斯洛（Abraham H. Maslow）对人类需求的分层是人本主义心理学理论之一，于1943年在《人类动机理论》一文中首次提出，与唐纳德·诺曼（Donald Arthur Norman）的设计三层次形成映射关系：本能层的直观感受从视、嗅、味、听和触"五感"获得，是生理需求，涉及饰品的外观；行为层的交互、互动关注饰品的功能和易用性需求，是安全需求、社交需求；而反思层涉及饰品与用户的情感联系和认知过程，反映文化内涵、价值判断，是尊重需求。饰品设计的观念与行为学分析研究能有效规避饰品设计的同质化，有利于满足需求、提供正向情绪，同时，进行价值观的传播。

2.3 超观念群体的饰品设计

超观念群体的饰品通常是指那些极具个性表达、情感强烈的装饰品，这些饰品具有高度的试验性和艺术性，挑战各种材质组合，不受理性约束，超越社会规范、习俗等现象。超观念群体的身体装饰，有着不同于普通大众审美的造型和装饰方式，突出标新立异的观念和个性特征。

香奈儿是一个不同凡响的人物，其传记作者艾德蒙·查理-鲁斯（Edmonde Charles-Roux）说过，香奈儿总是把保罗·波烈（Paul Poiret）在解除紧身衣和缩短裙长方面的创新归功于她自己。不过，香奈儿确实"给时尚界带来了决定性的变化，并且使得这种变化持续了100多年……与装饰品比起来，风格尤为重要；最后，'劣质'材料顷刻间也有了用武之地，自然而然地推动了时尚在大众中的快速发展"。[①]而所谓的"劣质"材料也只是非贵重材料而已，是工业化批量生产的人工制品，香奈儿在她所处的时代，是一个离经叛道者，奠定了用假珍珠来作装饰的纯粹观念，在那个讲求奢华的社会，这样超越同时代理念的设计就是逆风起舞。

萨尔瓦多·达利（Salvador Dalí）以超现实主义艺术为表现手段，以疯狂探索潜

---

① （英）琳达·格兰特.穿出来的思想家[M].张虹，译.重庆：重庆大学出版社，2014：130.

意识的视觉化而著称，与毕加索、马蒂斯一起被认为是 20 世纪最具代表性的三个画家，他将对妻子的深爱延伸到珠宝设计中，诞生了许多著名的超现实饰品。如专为加拉（Gala）设计的会跳动的"高贵的心"，黄金质地的心形底座上镶嵌着红宝石，象征着血液和血管，当加拉走动时，这枚胸针会随着她的脚步而跳动，被认为是最出色的珠宝设计作品之一。另外，"流血的世界"制作于 1953 年，一支由珍珠、黄金箭羽和天然钻石箭头组成的利箭划破 18K 金圆盘所象征的"世界"，流下的"鲜血"则是天然红宝石。达利曾说："我的艺术涵盖物理学、数学、建筑学、核科学、精神病学，还有珠宝，而我做珠宝的出发点是抗议那些强调材料价值的平庸的珠宝。我的目标是要让珠宝商们看看——珠宝中设计和工艺的价值高于宝石、黄金这些材料的价值。"他亲自挑选各种彩色宝石，红宝石代表能量、孔雀蓝代表宁静、天青色则和潜意识有关，他将潜意识中的恐惧以戏剧性的效果展示，如滴着宝石眼泪的眼睛饰品，以及布满精致小骷髅头的葡萄胸针。时至今日，达利的影响力丝毫未减，香港壳子特玩有限公司旗下品牌 CASETiFY，一个专注于手机壳和其他电子配件的时尚生活类品牌宣布与达利联名，将超现实意象融入科技画布上，赋予产品艺术与实用兼备的全新意义。

在英国皇家艺术学院（Royal College of Art）首饰专业 2023 硕士研究生毕业展中的"可见/可不见"系列作品，传达了视觉体验并不是我们体验展示的唯一方式的理念，基于主题是先天性盲人的梦境世界，观众通过视觉之外的其他感官，触摸、感受饰品"不可见"的部分，将智能技术与当代珠宝设计结合，通过首饰内置的传感器芯片与观众互动，无形中融合了超现实主义与盲人有关的元素，体现饰品设计的人文关怀和社会责任。

2024 年在广州 K11 举办的"以小见大（See the Big from the Small）"当代首饰艺术项目中的首饰设计也颇具超观念意义，韩国艺术家金希昂（Hee-ang Kim）以软陶表现蘑菇，明媚、有生命力；日本艺术家岩本万里将细密颗粒排列在物体表面，形成"皮肤"一样的肌理，将一种材料"再造"出完全不同的面貌，呈现出另一种生物的错觉；中国艺术家吴君锦设计的"可分离椭圆体"吊坠用玉髓、玉线、银含蓄地传达如月光笼罩肉身的感官体验。[①]超观念饰品设计脱离了流行时尚的架构，不拘泥于商业，是一种艺术个性观念的表达，但这样的创作又深受商业品牌的青睐，因而有较多联名设计。

超观念群体的饰品设计更像当代艺术创作，除了有深沉的思索外，也有很多幽默

---

① https://news.qq.com/rain/a/20240705A07IIY00.

性的传达，如丹麦首饰设计师基姆·巴克将丹麦民族的象征雏菊进行了形式上的解构，将完整的花朵拆分成几个花瓣，不完整花型的胸针被命名为"他爱我，他不爱我"（He loves me，he doesn't love me），既在语言和行为上呼应了少女摘除花瓣的纠结状态与行为，又在内涵上表现雏菊在民族文化中的寓意——纯洁，在视觉形式和色彩设计上互相印证。

2.4 数理研究介入民间艺术资源的探索

传统、民间艺术多是感性艺术，较少源于科学和理性的思维，对于民间艺术资源的探索和利用、民族饰品设计观念多数仍囿于艺术设计的范畴，笔者尝试通过理性科学思维，解决饰品设计中的主观、随意性问题，传统文化图形、纹样仅做复刻拷贝、移植使用等问题，探索数理介入下的民族艺术精神留存而形态可变的饰品设计理性创新路径。

以土家族"西兰卡普"为例。西兰卡普，土家语意为"土花铺盖"，是一种织锦，它既是土家族人在漫长岁月中积累的智慧结晶，也是土家族文化的重要组成部分，蕴含土家族人丰富的人文精神，凝聚了土家族人的生活趣味、历史风俗、崇拜信仰。作为非物质文化遗产，西兰卡普是中国多样性地域文化的典型代表，也是实用性和装饰性高度融合的物质文化产品，有着较高的艺术价值和文化价值。

人类文化、艺术表现从原始的抽象发展到具象写实再到当代抽象，反映了文化的审美变迁，而西兰卡普这一带有古老印记的纹样流传至今仍具有生生不息、旺盛的生命力，说明其文化内涵契合民族精神，只是由于生活环境的改变，"土花铺盖"不再适应当今的室内装饰和使用习惯，因此，对西兰卡普的当代化、时尚化开发自然引起诸多学者、当地企业、民间工艺美术大师、非遗技艺传承人等的高度重视，开发了众多可穿戴的时尚产品，如"打花铺"企业开发的西兰卡普丝巾，采用涤纶材质，以西兰卡普的自然、几何、文字图案为原型，抽象化处理，解构原图重构新图，将图案剪裁成为大面积几何形，提高部分颜色的饱和度和明度，以面积调和极色对比，统一色系，制作出符合现代审美的装饰丝巾。图2-8是课题组成员根据西兰卡普纹样延伸设计的一系列家居用品，将原本复杂的纹样简化，艳丽的色彩降低对比度，进行柔和化处理。

然而，现有设计研究基本停留在艺术设计领域，缺乏一定的科学推演变化机制，不利于长远发展，而西兰卡普制作工艺呈现出像素化和几何化的图形特质，具备进行多维度开发的价值，因此笔者试着将其与拓扑形变理论融合，构建新的设计理念。

图2-8　西兰卡普纹样及演绎的家居用品设计（尚倩丽）

　　拓扑学（Topology）是专门研究图形或集合拓扑性质的学科，是重要的几何学分支。①图形产生扭曲、拉伸等变化时，其形状、大小和距离改变，但图形点数量保持不变，相互间的拓扑关系不变，如相邻点仍然相邻，这种特性被称为"拓扑性质"，变化的过程就是"拓扑形变"。原有图形和经过形变后的图形被称为"拓扑等价"或

---

　　① 周秋生，刘丹丹，梁欣.拓扑学及在GIS中的应用[M].哈尔滨：哈尔滨工程大学出版社，2014:2-3.

一个"同胚"，两个图形或空间是否同胚主要以"拓扑不变量"为依据[①]，拓扑同胚有微分同胚形变、同胚形变和非同胚形变三种。

艺术领域的拓扑学理论、实践主要表现在雕塑和绘画中，雕塑家亨利·斯宾赛·摩尔（Henry Spencer Moore）和版画家莫里茨·科内利斯·埃舍尔（Maurits Cornelis Escher）的作品展示了拓扑图形空间变换和艺术的跨界融合实践。设计领域对拓扑学研究较成熟的是在建筑设计方面，工业设计中拓扑学多见于产品仿生形态研究、结合生成算法研究、拓扑形态与视知觉研究等方面，如苏建宁等人通过计算仿生对象特征的拓扑权值比重，利用猴王遗传算法筛选和设计，建立有效的仿生设计方法。赵世栋等人从拓扑优化角度提出基于草图尺寸约束的计算机生成算法来构建三维产品模型，并通过调整参数来优化三维模型。贾锐分析"竹"字的拓扑结构，讨论拓扑形态与文字演变的关系，将"竹"字拓扑形态应用在灯具设计中。[②]

拓扑形变理论注重图形的拓扑性质，将传统民间图形用拓扑形变规律用于首饰设计尚不多见，本研究将从维度转化、形态与内涵表达、拓扑形态推演、设计转化过程四个方面探讨拓扑形变在民族文化首饰设计中的可行性。

下文以大蛇花纹为例进行基于拓扑形变的文创首饰设计。土家族人通过它表达对自然的敬畏、生殖的崇拜，饱含对生命延续的美好向往和子嗣延绵的淳朴祝愿。大蛇花纹具有对称性、点线结构分明。用同胚形变和非同胚形变两种拓扑方式进行邻近点、面顺序和数量变动，图2-9至图2-12分别展示了大蛇花纹的纹样提取、形变推演和饰品成品效果。

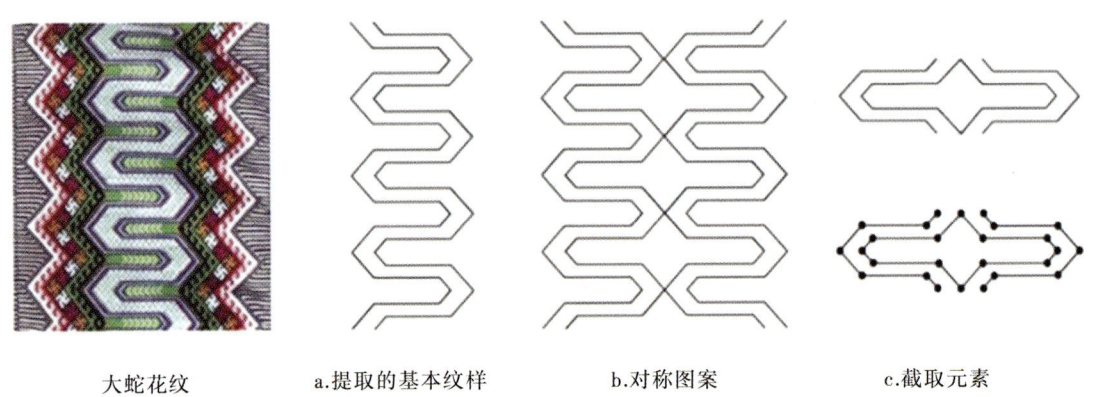

| 大蛇花纹 | a.提取的基本纹样 | b.对称图案 | c.截取元素 |

图2-9　大蛇花纹纹样提取

① 马克·阿姆斯特朗.基础拓扑学[M].孙以丰，译.北京：人民邮电出版社，2019：14-15.

② 彭红，朱庆玲.当代民族首饰的拓扑形变创新设计研究[J].设计艺术研究，2023，13（05）:25-29.

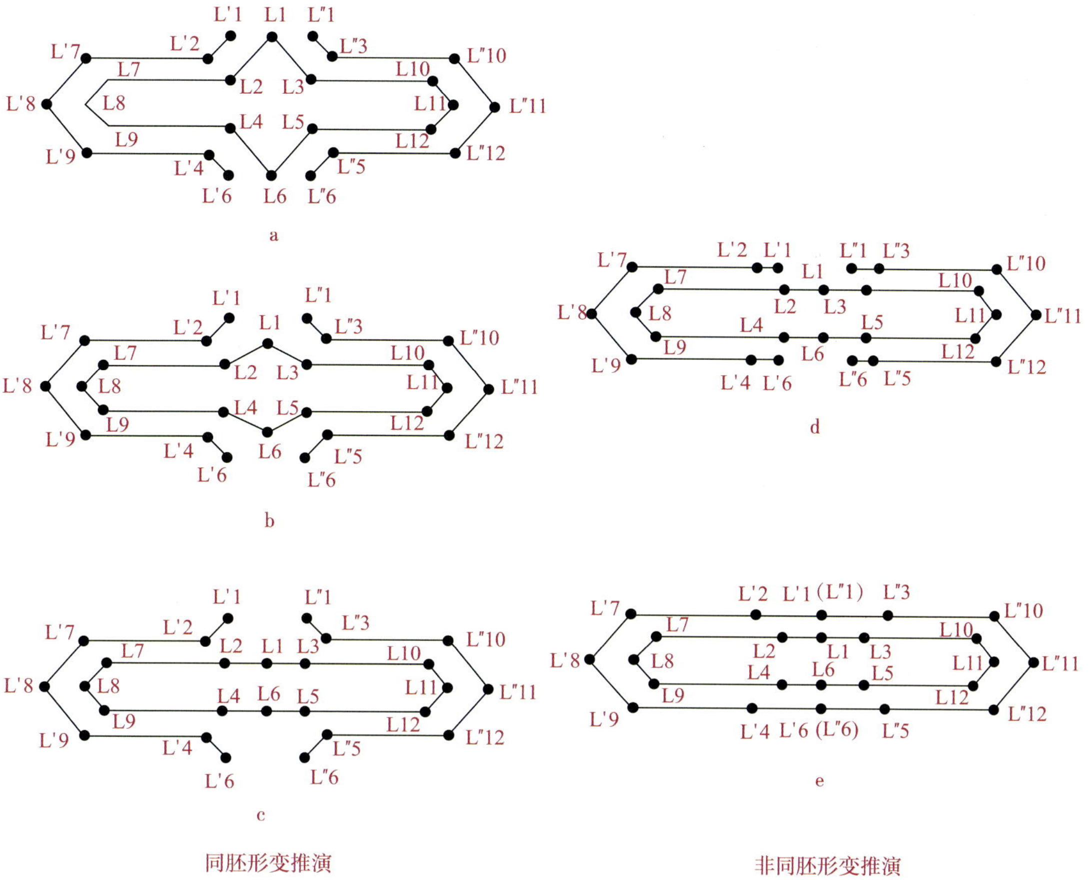

同胚形变推演   非同胚形变推演

图 2-10 大蛇花纹纹样形变推演

图 2-11 西兰卡普大蛇花纹饰品成品展示（朱庆玲）

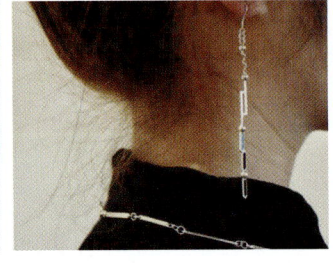
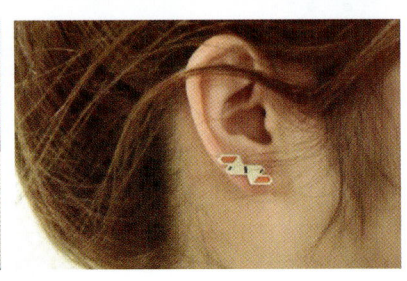

图2-12　西兰卡普大蛇花纹饰品（朱庆玲）

拓扑形变理论条理清晰，图形点和面的数量、顺序、大小变化具有秩序性，哪怕是细微调整，都会导致点、线、面和整体的改变，能避免设计要素的无序、混乱、滥用，控制形态变化范围，不仅可以杜绝因过度创新失去民族特色，而且能得到无穷的形态变化结果。

从现代审美角度出发的数理研究成果介入传统文化的时尚演变研究，能为民族文化饰品的开发打开一扇新的观念之门，拓展饰品设计跨学科应用研究的理性化设计创新思路。

2.5　历时与共时理念下的饰品设计

历时性（diachronic）与共时性（synchronic）是两种不同的分析视角，这对术语最早由语言学家索绪尔提出，从语言的动态（外部历时性变化）和静态（内部系统）两个维度来研究语言现象。历时性关注语言元素如何随着时间的推移发生变迁，着重点在于元素如何替代、改变和发展；共时性关注在某一特定时刻，语言系统中各个元素之间的相互联系和结构关系，聚焦"静态"。历时性与共时性的研究方法不仅在文学创作领域，而且在艺术创作、建筑设计、产品设计等多个领域有所应用，其中历时性强调的是设计在时间维度上的连续变化与发展，聚焦文化、思想随历史进程的变迁，强调时间因素对文化形态与意义的塑造；共时性则关注某一特定时段内的文化形态及其当下的社会内涵，分析同一时间点上文化现象的现状、本质及关系。两者虽然侧重点不同，但在文化研究中是相辅相成、互为补充的。

在艺术创作中，历时性与共时性理念能使作品在时间和空间之间建立复杂的关系和互动，通过这两种理念的交织运用，可唤起观者对时间流逝和情感波动的深层次感知。本研究将历时性与共时性在艺术中的表现手法划分为三种，分别是并置叙事（卷轴画种为滚动叙事）、运动轨迹拆分（切片）以及时间分层视觉化。

并置叙事是将不同时间、空间的元素并置，创造出一种对比和冲突的效果，如敦煌莫高窟257窟壁画《鹿王本生图》（见图2-13），潘絜兹在对莫高窟257窟西壁《鹿王本生图》的分析中说："一开始即画九色鹿泅水救溺水的捕蛇人，接着便是国王与鹿相对，后面则是浑身长癞的捕蛇人向国王、王后告发（九色鹿）的情景。故事可以说是从左右两方开始，而集中于一点，王和鹿相对，这样便突出地把故事发展的高潮放到最引人注目的地方。"[①]图2-14的并置叙事图示即为通过空间的变化来展示时间流动和运动转变的表现手法。并置叙事在中国传统卷轴画中展现的是滚动叙事的方式，创作者利用画面布局引导观者视点运动，让观者在观看过程中感知时间的推移。如北宋张择端的《清明上河图》，艺术家通过一个个图像场景、标识传达信息，刺激观者联想。

图 2-13　莫高窟 257 窟西壁《鹿王本生图》壁画 北魏

①　潘絜兹.敦煌莫高窟艺术[M].上海：上海人民出版社，1957：64.

图 2-14　并置叙事图示（刘喆倩）

运动轨迹拆分（切片）是通过将运动状态分解成多个静止状态的方式，形成历时性与共时性交织的观感体验。杜尚的《下楼梯的裸女》即为典型案例，杜尚将女人下楼梯的动作分解为一系列连贯的静止姿态，每个姿态既独立存在又相互联系，形成了一种轨迹式的切片表现。通过运动轨迹拆分，观者能够在同一时刻感受到运动的延续性和历史感。

时间分层视觉化是通过多重空间层次的叠加来呈现不同的时间与空间维度，表达作品的复杂情感和叙事张力。例如，《重屏会棋图》采用三层时空的并置展示了历时性与共时性的交错。第一层展现现实生活场景，第二层呈现人物半梦半醒的内心情境，第三层则描绘山水画中的虚构场景。通过空间的重叠，作品表现了时间的多重性以及现实与幻境的交织，赋予观者多维度的视觉体验和情感遐想。分层结构一般被认为是人对视觉语言的认知和对视觉图式结构的分析，图 2-15 是课题组绘制的历时性与共时性在艺术创作中的表现图示。

人的感性活动总是发生于时间的流逝中①，尤其是情感和知觉，个体不仅受到事件本身的影响，而且受到对事件解释方式的影响，这一著名原则可以追溯到古希腊斯多葛派的哲学家埃皮克提图（Epictetus），"我们登上并非我们所选择的舞台，演出并非我们所选择的剧本"。图 2-16 是课题组对儿童认知的历时与共时的图式化呈现，碎片化的色块喻示不同的认知，通过整体的外形呈现共时的状态。韩国艺术家严友珍（Youjin Um）以独特犀利的视角将抑郁的、不可排解的情绪用雕塑作品反映出来，写

---

① 刘晋晋.图像与符号：艺术史和视觉文化中的符号学与反符号学[M].长沙：湖南美术出版社，2021：191.

表现手法	滚动叙事	运动轨迹拆分（切片）	时间分层视觉化
艺术案例	《清明上河图》局部	《下楼梯的裸女》	《重屏会棋图》
图示			

图2-15　历时性与共时性在艺术创作中的表现图示（郝祖青绘）

图2-16　儿童认知的历时与共时（刘喆倩作品）

实的面部和潜藏的、慢慢堆积的负能量同时呈现在头部。艺术家通过作品将无形的记忆赋予有形的形态，严友珍曾将纯银制作成无数立体的六角形，不断重复堆叠，通过形式美法则的"重复"运用，暗喻耐心和努力，将深藏的情感外显化、符号化，通过六角形堆叠后形成的"万花筒"空间讲述无数呈交织网络状的错综复杂的童年故事，连接过去和现在，使人感到怀旧、舒适和治愈。

　　历时性与共时性首饰设计的观念在于将佩戴者过去的情感、现在的理想与未来的期望融为一体，实现对过去的缅怀与当下需求的双重表达。如美国艺术家、当代工艺批评家布鲁斯·梅特卡夫（Bruce Metcalf）使用木材、金属和玻璃等材料，运用雕刻工艺和失蜡铸造等方式呈现出来的时间分层视觉化首饰，将熟悉与不熟悉的物体并置，把一些超现实风格的形象应用到首饰设计中，动态的人物造型本身就自带运动感，使首饰叙述不再静止，而是讲述故事，呈现穿越、梦幻的特征，传达出艺术家对人类处境的思考。

第3章

饰品设计方法论的辨析

Shipin Sheji Fangfalun de Bianxi

法国评论家罗兰·巴特（Roland Barthes）对服装"语言"有以下阐述："至于现存的一切服装史中的根本错误，最严重的问题（因为这更具体）就是，方法论的轻率混淆了内在和外在的区分标准。"[①]饰品设计从传统的工匠作坊到当代的品牌量产流水线，生产方式基本没有太多变化，都是手工精雕细刻、镶嵌与机器设备结合使用并存，不外乎塑形和特种工艺；而设计方法论却发生了极大的改变，从传统金匠的仿生、仿物模拟创作方法到艺术家跨界首饰设计，从配饰设计的形式美法则到工业设计方法论的首饰设计应用，从历时性到共时性思维方式的设计呈现，以及人工智能介入的设计方法，涵盖了感性设计、理性设计、生成式设计（AIGC）的诸多方法。本研究将现有的文创、饰品设计方法论（涵盖文化创意设计方法论）划分为四大类：需求分析类理论、符号学类理论、形态分析类理论、逻辑与算法类理论，罗列了13种设计方法的优势、劣势，如表3-1所示。

表3-1　文创、饰品设计方法的归纳与分析

分类	设计方法	优势	劣势
需求分析类	质量功能展开（QFD）理论	找到用户需求点、定位所要解决的关键问题、将用户需求转化为设计需求	无法提供文创和饰品方法论指导、比较依赖市场调研
	情景故事法	帮助设计者了解用户各项需求、提供更多设计可能性	易代入主观情绪、误读用户真实需求
	情感化设计	将情感意象转化为设计要素、关注用户偏好、使用户产生共鸣	情感可能具有阶段性和时效性、饰品定位需要细分
	Kano模型	获取用户需求及其优先级排序、操作简单	纵向需求分析不全面、可能存在主观意向、获取信息有限

[①]　（英）琳达·格兰特.穿出来的思想家[M].张虹，译.重庆：重庆大学出版社，2014：132.

续表

分类	设计方法	优势	劣势
符号学类	符号语义学、"能指""所指"、三元关系、三（四）分法	便于设计者分析解读文化原型、有效梳理设计原型与饰品的逻辑关系、为提取表层和内在设计元素提供指导	流程不明确、用户关注度不足、具体的元素提取方法比较模糊
形态分析类	形状文法	设计便捷、方案丰富多样、节约时间	方案造型可能比较刻板、缺少创意、设计具有约束性
形态分析类	原型理论	提取原型的形式、功能、文化特征，关注用户视觉感知，建立设计原型与产品的连接	依赖视觉感知水平、主要关注设计原型的形式特征
形态分析类	形态矩阵法	系统分析各设计要素的匹配度、提供多种元素组合方案	分析要素数量有限、不够全面，设计载体和文化元素的关联度不够
逻辑与算法类	层次分析法	将复杂问题化繁为简、定量与定性分析共同决策、梳理各要素的先后逻辑关系	决策方案数量有限、缺乏方案评价指标
逻辑与算法类	发明问题解决理论（TRIZ）	可以解决具体矛盾问题、提供创新设计思路	过程比较复杂、检索效率低下
逻辑与算法类	参数化设计	设计表达可视化、设计过程具有可控性和可逆性、设计效率提升	易忽略用户需求、意象表达方面可能有所欠缺
逻辑与算法类	生成式设计	提供新的设计方案、简化设计工作	方案修改复杂、质量水平难把握
逻辑与算法类	模糊综合分析法	评价相对客观、过程清晰、量化模糊问题	计算复杂、指标权重评判具有主观性

第一类，注重用户的需求和喜好，尝试从用户的角度寻求更多设计可能性，但获取的信息有限，容易偏离用户的真实需求，代入设计者个人主观性，饰品的定位需要详细划分。这类方法是目前商业设计、定制化设计中最常见的首饰设计方法。

第二类，可以帮助设计者分析和解读设计原型、提取造型文化元素，缺点在于设计的流程和具体的提取方法不清晰、对用户的需求关注度不足，可能需要结合需求分析类或形态分析类方法进行改善。此类设计是艺术家跨界首饰设计常用的，或用于品牌的宣传、定制化设计。

第三类，形态分析类理论的优点在于能够根据形态特征提供多种造型方案，设计步骤比较便捷，但具有某些约束，设计方案可能缺乏一定的创意性。商业设计中较常见。

第四类，设计效率相对高，可以将复杂问题简单化、模糊的问题清晰化，同时提供创新的设计方案，但此类理论可能会忽略用户需求和文化意象表达，且对技术要求相对较高。此类方法将是商业饰品设计和个性化定制饰品设计的大趋势。

综上所述，目前的文创、饰品设计方法论主要集中在设计和研发过程的某些阶段，与本书的主旨"饰品设计——观念与价值"存在一定的偏差，本章将每一类方法各选取一种方法加以阐述，并以实践案例论证各方法的可行性。

3.1　需求分析类方法

从古至今，饰品都是人类文化与艺术的重要组成部分，不仅承担装饰功能，承载情感和回忆，更作为身份、地位、信仰和文化的象征，有着丰富的精神内涵。饰品在原始社会、奴隶社会、封建社会是阶层等级、宗教信仰、人与自然关系的体现。饰品更是一种心理安慰和情感寄托，人类的进化伴随着可穿戴部位的装饰设计逐步类型化。本节主要强调需求分析类的设计方法，以心理需求、情感化设计为主。

哈佛大学教授戴维·麦克利兰（David C. McClelland）通过对人的需求和动机的研究，提出了著名的"三种需求理论"：成就需求（need for achievement）、权力需求（need for power）、亲和需求（need for affiliation）。其中，成就需求通常渴望将事情做得更完美，受到趋向成功和避免失败两种倾向的共同作用，这类需求有利于心理健康和社会经济的发展；亲和需求是保持社会交往和人际关系和谐的重要条件，人们渴望对自身情感的确认和理解，让他人感到共鸣，加深彼此的情感联系。

当代社会，年轻人面对学业、恋爱、婚姻、择业等生活和工作问题时，难免焦虑，中年群体面对事业、财富、家庭生活显露出力不从心的状态等，饰品在某种程度上能及时缓解或消除这种负面的情绪。荷兰首饰艺术家泰德·诺顿（Ted Noten）策划了"嚼出你自己的胸针"（Chew your own brooch）首饰创作活动，在活动中，参与者在设计师的引导下，用各自偏好的方式咀嚼口香糖，通过咀嚼行为宣泄情绪，咀嚼后的口香糖形状直接传达出个人的情绪状态。这些独特的形状随后被铸造成 24K 金、银、铜材质的胸针，每位参与者都获得一件专属于自己的饰品[①]。这种"参与式"的饰品设计方式，使佩戴者得到了即时的情感抒发，并能够以首饰为载体将情绪体验随身携带，在日常生活中得到情感抚慰和共鸣。

情绪宣泄与心理抚慰是即时性情感表达的两个主要方面。在首饰设计中通过形态的某些形变能舒缓情绪，如设计师斯蒂芬妮·比拉（Stephanie Bila）使用弯曲的山毛榉木条和施华洛世奇水晶创作了一系列的身体首饰（body jewellery）。她的作品探索了首饰如何加强人体廓形，可以看到饰品配合着模特身体曲线而蜿蜒的轮廓，它们似乎与模特相依，却又离开身体所在的区域肆意生长，拆分时不及一个巴掌大小，构建起来却能媲美建筑作品。从共时性视角看，强调当前状态下佩戴者与首饰之间的互动与羁绊，形成一种隐形的情感纽带。图3-1是刘喆倩基于可穿戴概念设计的耳部装饰，是一种对听觉情绪的抚慰，超出常规的仿生造型寓意夸大或淹没某些情绪。

图3-1 "仿生放大器"耳部装饰设计（刘喆倩）

传统、经典的饰品设计基本遵循自古以来的装饰方法和造型意向。穿戴部位和形态设计在细节处理和廓形上极少突破身体界限。而在当代艺术影响下的饰品设计，尤其是以情感化设计为基调的饰品设计，多是综合性的表达。

亲和需求是一种关系需求，是人与物、人与人的关系的探索和表达。彼得·安托尔（Peter Antor）的作品"It is electric"似乎喻示了人与空间的关系，首饰因其结构与人的身体的关系，成为某种建筑。很多时候，建筑强调人的集合，这在金善京（Sun Kyoung Kim）的Internection系列中表现得尤为突出，该系列设计的手部装饰将三个人的手指连接在一起，强调了建筑将人联合集中的特性。这些当代首饰作品将人与人、人与物的沟通、关联直观地呈现出来，给予人启示与慰藉。

---

① David C. McClelland. Human Motivation[M].Cambridge University Press，2014：223-268.

需求类分析方法基于人类学、心理学、社会学等学科成果，综合调研、访谈、数据分析、原型法等人本主义研究，帮助设计者了解用户各项需求、提供更多设计可能性，将情感意象转化为设计要素、关注用户偏好、使用户产生共鸣，如案例中所用的参与式设计方法，并用创建原型来展示饰品功能或进一步增强用户体验。

3.2　符号学类方法

符号是文化的重要表达方式之一，是信息互动的媒介，有助于简化对复杂事物的认知，符号学理论是人文学科一种重要的方法论。索绪尔的符号学理论认为符号由"能指"和"所指"构成，前者代表物质的外在形式，后者代表了物质所具有的文化和意义，这两者只有在社会共识的基础上才能够具备表达意义的价值。皮尔斯的符号三元关系认为，符号的基本组成要素是表象、对象和解释项，解释项是对表象的翻译，它既是符号翻译的效果和产物，也是翻译的过程和程序。莫里斯基于皮尔斯的三元符号观，划分出语法学、语义学和语用学三个语言学分支，强调了符号与解释项之间的关系，兼顾了"文本、意义和译者"三位一体的翻译观。刘晋晋在《图像与符号》一书中，多次澄清符号与形象之间的关系，并期望这种澄清有助于解答"什么是一个形象"的问题，为设计方法论提出新的反思路径。符号具有象征性意义，文化符号多指代表某种文化内涵或象征意义的诸多要素，这些要素和符号元素具有对应的文化语境和历史背景。当今，基于符号学理论的首饰设计多用形态移植的手法，显得直白但缺乏深度思考，难以引起反思，如以京剧脸谱为灵感的戒指、耳环设计等。

本研究认为需要从符号学理论的视角深入挖掘符号的多重价值，探索从"符形、符义、符用"的综合角度，多维度、抽象地转换要素内涵，利用符号语义传达文化的信息和情感。

图 3-2 解读了潮玩的符形、符义、符用等功能性设计要素[1]，这些提炼出的文化符号可以代表当代文化特征和历史传承，融入现代生活，有助于激起人们的情感共鸣和兴趣。在首饰设计中，更多是符形的意象化转化，从而达成文化的传播及心理需求的满足。

如从埃及文化的金字塔、中国文化的古老图腾，以及人体骨骼、生物细胞等中抽象衍生出的新形态设计，意向的传达更具有符用的价值。

---

① 刘喆倩.潮玩的"趣味"符号及主旋律设计策略研究[J].设计艺术研究，2024，14（05）：52-56.

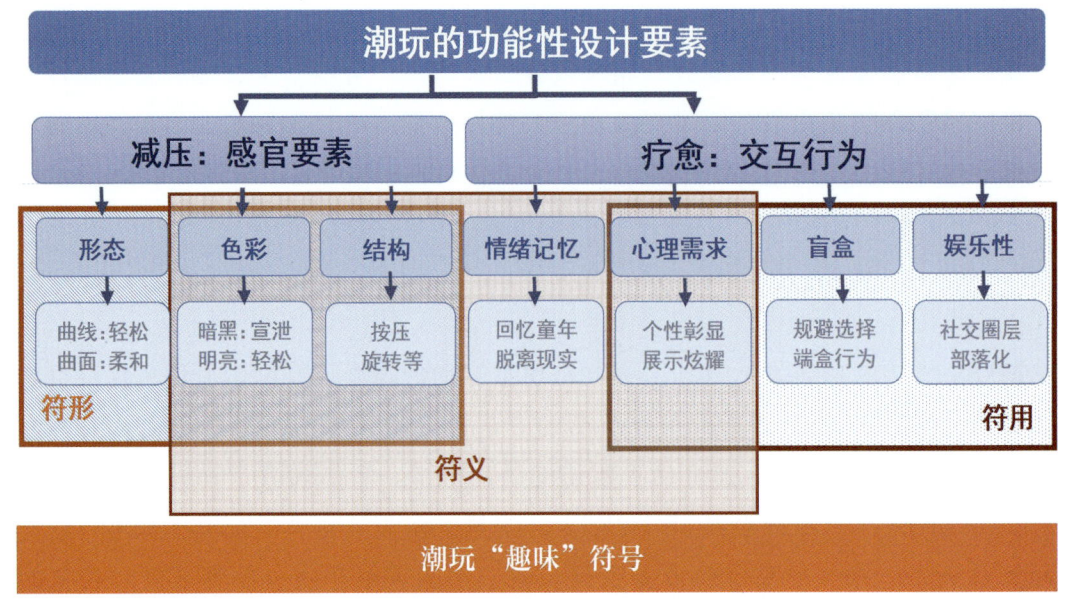

图3-2 潮玩的"趣味"符号及功能性设计要素

3.2.1 以江永女书为例的"符形"表现

江永女书起源于湖南省永州市江永县，江永地属南岭山脉的山地丘陵区，特殊的地理位置和居住形态使当地村落逐渐发展成为一个较为封闭的独立单位，与外界基本处于隔离状态。唐宋战乱后，许多汉族流民迁移至此。江永由瑶族等南方少数民族的聚居地逐渐发展为以汉族、瑶族为主的多民族杂居地。在汉族、瑶族两种迥异文化的双重影响下，当地女性对自由平等的追求加速了江永女性对当时以男性为中心的主流社会的反抗，女性自我意识和群体意识觉醒，积极追求平等的家庭地位及社会地位，这种多民族文化融合的历史文化背景给女书的产生提供了自由发展的空间。女性通过女书表达对社会不公的控诉，抒发不满，展现自己的情感。女书最主要的形成原因可归纳为地理环境、历史背景和情感需求三个方面（见图3-3）。

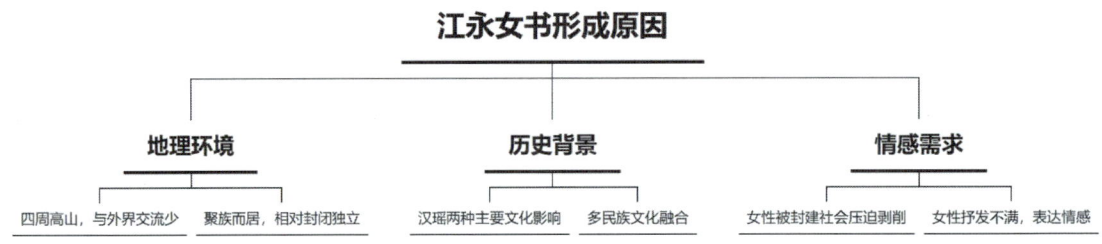

图3-3 江永女书形成原因

因旧习俗的消亡、当代文化冲击等多方面影响，自20世纪70年代以来，女书传承后继乏人，女书原件大量佚失，加之女书在走向濒危的过程中不断丢失原创文字，出现了粗制滥造女书新字的情况，使女书面貌严重失真，更为严重的是，如不加以拯救，女书这一人类历史中仅存的妇女文字将在世上消失。数十年来，在一批学者的努力下，这种独特的女性文字才被世界所了解。作为一种罕见的文化遗存，我国政府也开始重视保护女书。在各方的努力下，江永女书的影响力不断扩大，逐渐登上世界舞台（见图3-4）。

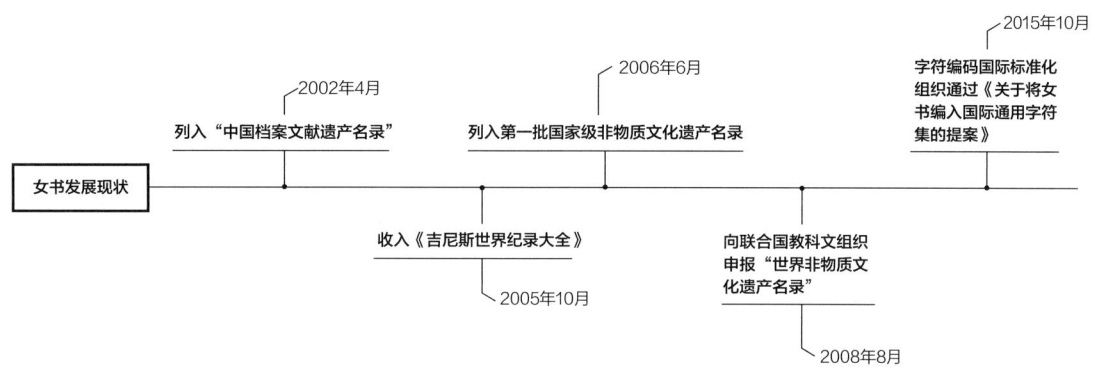

图3-4 江永女书发展现状

女书具有极高的文字学、语言学、历史学、考古学、文化学等价值，丰富了江永及至湖湘文化的内涵。国内外女书研究学者取得了丰硕的成果。这些研究为女书的发掘、保存与传承奠定了坚实的基础[①]。目前，通过实施相关文化产业项目、实行保护政策等措施，女书保护的意识大大提高。在《雪花秘扇》《女书：女性神秘之歌》等与女书相关的电影、歌曲推出后，更多人开始了解女书文化。

女书整体字形呈现斜菱形，右高左低，且仅有点、竖、斜、弧四种笔画，与传统书法的八种基本笔画相比，女书文字多是斜弧笔画，更具女性的柔美之感[②]，行间距错落有致，整体搭配均衡协调，如小溪流水般潺湲蜿蜒，又似花草般摇曳多姿[③]。分析女书文字的形态结构，不难看出其构成具有以下特点：

（1）外形近似。不论是字体笔画的不同形状还是笔画数量，它们组合后整体看起来都呈斜菱形，在外形上趋同。

---

① 章悦茗.江永女书及其文化传承[J].新疆艺术（汉文），2023（01）:114-120.

② 程思沂，章海虹.浅析江永女书的审美特征[J].汉字文化，2021（07）:183-184.

③ 冯冰洋，俞倩，徐莉.江永女书字体形态特征中的装饰图案研究[J].包装工程，2022，43（20）:416-422.

（2）疏密有致。文字笔画排列组合疏密交错，具飘逸美感。

（3）纤细灵动。整体形态与较为方正的汉字不同，其字形自右向左倾斜，右上角是整个字形的最高点，别具灵动之感。且女书文字外形纤长细瘦，更显女子婀娜体态（见图3-5）。

图3-5　从右到左为"江永女书"四字

作为国家级非物质文化遗产，江永女书知名度较低。而现有女书相关衍生品设计大多趋同，如在常见的载体（服饰、背包、扇面等）上书写女书文字，或是在相关图形中直接添加女书字符，不能很好地体现女书文化的整体风貌。因而，笔者所在课题组确立了女书系列饰品设计上的色彩赋能策略，将"符形"的价值进一步拓展，提炼以瑶族织物为代表的色彩组合，具有女书流传地区多民族文化的地域特色和性别符号，增加视觉冲击力（见表3-2）。

表3-2　瑶族织物色彩提取

图片	颜色	色彩提取
	红色、黄色、绿色、黑色、白色等	
	红色、绿色、黄色、蓝色、黑色、白色等	

续表

图片	颜色	色彩提取
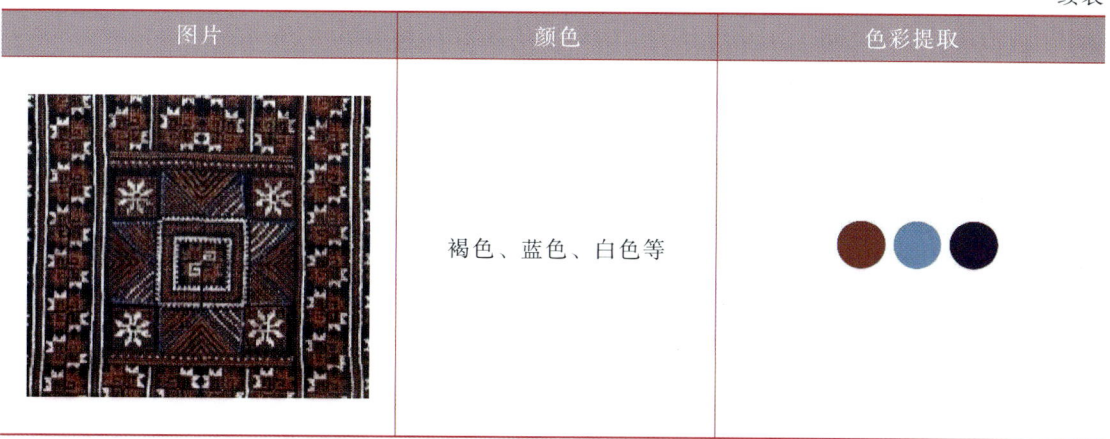	褐色、蓝色、白色等	

女书中的"自由""欢喜"字形、笔画独具女书文字的符号特色,将之与凤凰纹样组合能表达人们的趋吉心理,如图3-6所示。

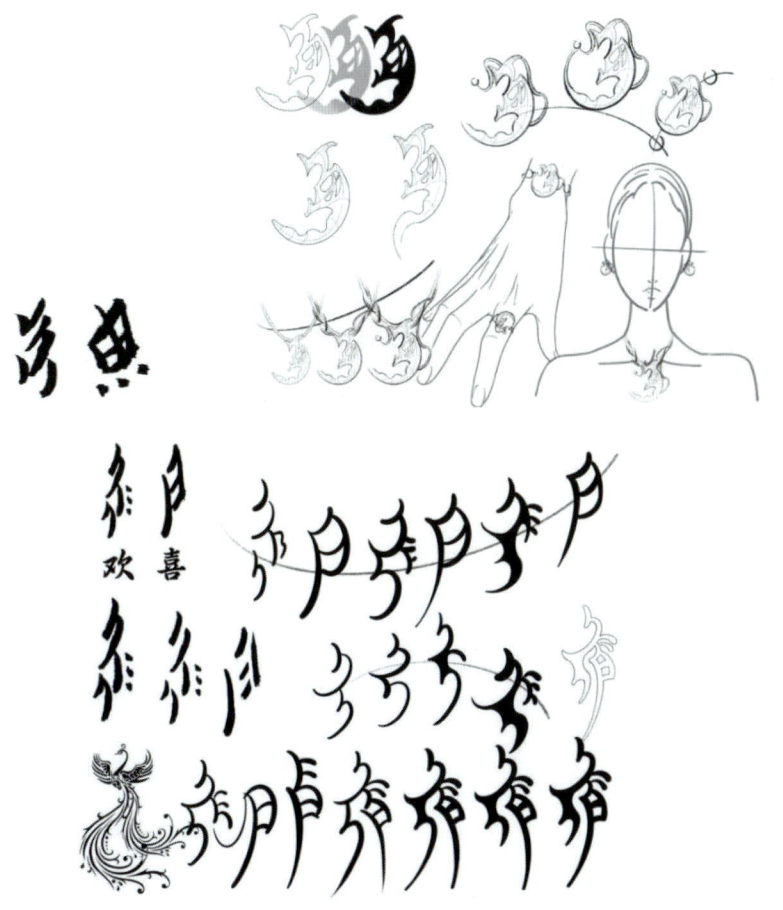

图3-6 女书文字"自由""欢喜"及其与凤凰纹样组合意象构思

但在组合、重构、多维设计的过程中，改变笔画结构容易丧失对女书文字的认知及意义传达，因而本次设计舍弃"自由"二字的设计方案，进而优化"欢喜"与凤凰纹样的结合，形成耳饰、胸饰、手链、戒指、发簪等系列饰品。成品展示见图3-7。

图3-7 女书文字"欢喜"系列首饰设计（杨雅瑜）

图3-8中的设计作品来自课题组工作室，分别用女书文字"勇气""爱自己""自由"衍生出吊坠、项圈和耳饰系列首饰，用平面加立体延伸的多维度手法形成不同视点的"符形"效果。从女书饰品设计案例中可知，对符形的筛选需要考虑形态、色彩、结构与文化内涵的推广价值，不是所有的形态都具备饰品的衍生设计条件（当代艺术中的亚文化衍生品除外）。

图3-8 女书文字系列首饰设计（吴菁、魏晓璇）

3.2.2 饰品设计中的"符义"

时尚饰品不仅仅是装饰，更是一种观念的凸显，能引发人们的反思，从胸针到项链、手链、戒指等无不体现着穿戴者的个性品位。在9·11事件后，美国曾流行过各类国旗饰品，代表着美国国民对塔利班组织的憎恨和对国家的热爱，是空前高涨的爱国热情的体现，似乎无关乎商业消费，也不被时尚所左右，而是新的时尚潮流，但是，两年后，这股人人佩戴国旗的流行风潮就消失了，人们仅在国庆日佩戴这类饰品。

饰品中的"符义"价值集中体现在文化弘扬、情绪记忆和心理需求方面。

图3-9是以荆棘为主要形态元素，以"不破不立""攻坚克难"为文化寓意的开滦博物馆文创饰品设计，"破·立"系列饰品采用黄铜合金和蜜蜡、煤精石等天然材质制作，既具有天然荆棘的坎坷特征，又具有工业造型的中性化美感，突出符号的象征意义，该系列饰品设计不仅仅只注重正视图的造型，在多个侧面也做了延伸，增加产品的层次感和细节，在触感上结合荆棘的植物特性，做出凹凸肌理，不仅强化了饰品的触感，还增强了感觉联想，加深消费者和饰品之间的互动，使用户对开滦文化有一定深度的思考，为传播开滦博物馆"攻坚克难"的精神文化内涵做了外延。

中国传统文化迎来一波又一波的复兴浪潮，对此，文化释义和文化守正、传播变得越来越具备商业和文化价值。曾侯乙编钟是湖北省博物馆的镇馆之宝，编钟架上的彩漆图案红黑相间，颇具神秘感，有学者认为这是普通的植物纹样，而有的学者认为是音乐符号[①]，不过目前都只是猜测和推理，需要今后更多的考古研究成果加以定论。但围绕这一纹样悬念，课题组将曾侯乙编钟彩漆漆木上的图案加以自由发挥，以"音符说"为基础，通过图案变形、解构重组衍生设计了一组编钟"音符"饰品，见图3-10，将宫、商、角、徵、羽等音符立体化，做成三维立方体；项链设计分为上下两层，上层是分谱符，下层是五种形态各异的击音符和止音符，相连的尾端用休止符结尾。耳饰使用三种不同的音符串起来，衔接处也采用了独特的设计。手链设计相对简单些，采用大小不一的音符连接起来，结尾处也采用了和项链一样的方式，有一定音乐修养、能识别音律符号的人看到饰品，即可哼唱此音乐小节。将图形和音符组合为饰品设计元素，为视觉意义上的饰品添加了听觉维度的体验，为编钟的符义延伸推广做了有益的探索。

---

① 王金中.　"二维码图"：曾侯乙编钟横梁上的古乐谱.https://taiwan.cri.cn/2020-09-16/acea12f2-d36b-843e-c858-2d838073e474.html.

图 3-9 "破·立"系列饰品设计（陶雨梦）

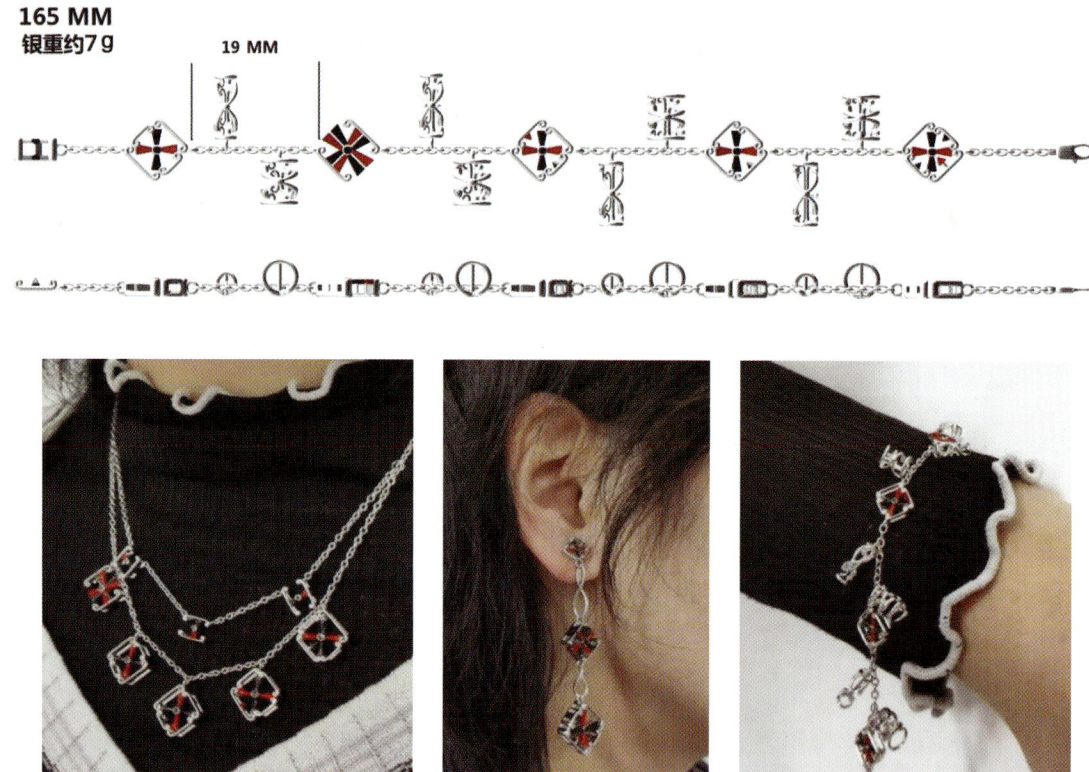

图 3-10 曾侯乙编钟彩漆"音符"饰品设计（刘明萱）

基于符号学理论的饰品设计能激活丰富的文化和视觉资源，不仅在审美上将视觉符号突出、夸张，让饰品有辨识度，而且加强了视觉效果背后的内涵转译和意义传达，通过形象隐喻、联想、抽象、重构等，让饰品设计具有较强的文化价值，能在多元文化融合、精彩纷呈的当代饰品设计领域强化中华文化的认同感和归属感，为时尚创新提供新视角。

3.3　形态分析类方法

形态分析类方法是一种在技术分析中常用的方法，主要用于分析股票、期货等金融产品的价格走势，通过形态识别历史中曾出现的典型形态，来预测未来的价格趋势。而本书的形态分析类方法主要是指视觉上的形态分析，以及形态的变换、设计规律的组合，以形状文法、原型理论、形态矩阵为主，此类方法设计便捷、文化特征还原度高，各要素匹配度高，能提供多种组合方案，并能预测未来图形。图 3-11 是以中国木文化的榫卯拼接为主题，配合金属黄铜的线、面穿插，将木质形态拆解为不同的点、面、体，组合形成高低错落、纹理呼应的新中式木文化演绎的系列饰品，可用于胸针和吊坠等。

图 3-11　新中式木文化演绎的系列饰品设计（刘喆倩）

下面以形状文法的案例设计来具体阐述。形状文法是由乔治·斯蒂尼（George Stiny）和詹姆斯·吉普斯（James Gips）提出的一种基于形状演化获得衍生图形的设计方法，最初应用于绘画、雕塑，之后作为设计方法衍生到产品设计创新领域。在建筑设计、艺术设计、产品设计、图案设计等领域，形状文法的合理性已经被成功证实[①]。形状文法作为一种计算机辅助设计方法，可以表示为：

$$SG=（S，L，R，I）$$

其中，S为形状集合，SG指S经过各种推演操作衍生的形状集；L为标记的有限集合；R表示推理规则的集合；I表示初始形状[②]。

以字母L作为基本形状来展示形状文法的推演规则。形状文法具有多种推演规则，常见的形状文法推演规则有缩放、位移、水平镜像、垂直镜像、轴旋转、点旋转、增删、微调等。形状文法推演规则及衍生规则见图3-12。

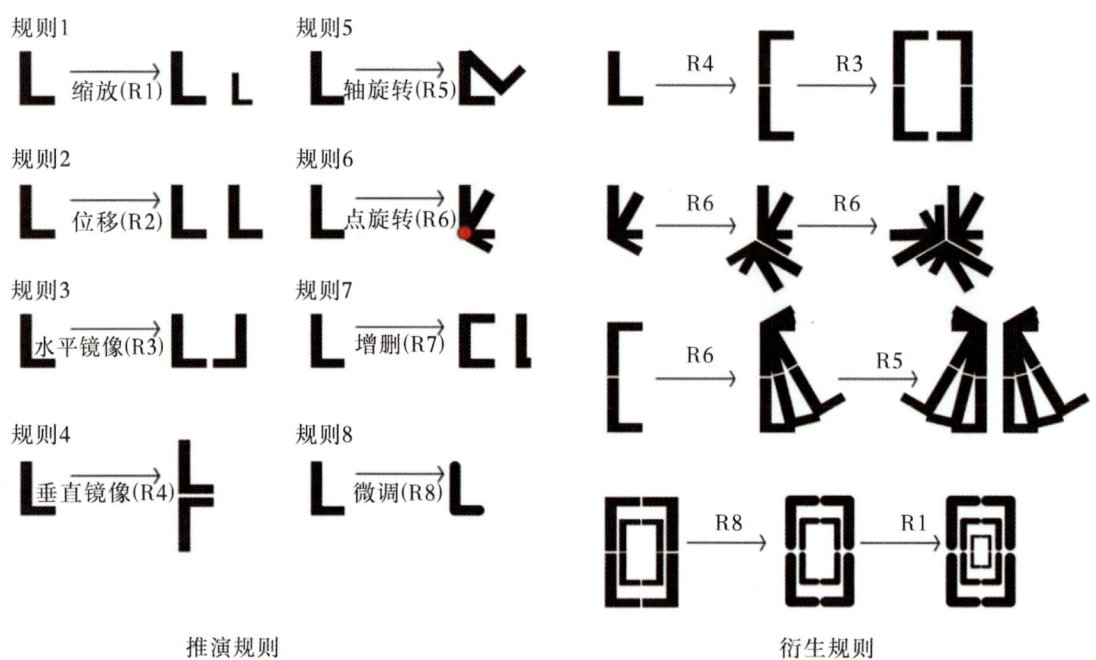

图3-12 形状文法推演规则及衍生规则

在形状文法推演中，当按照统一的顺序应用相同的形状推理规则进行形态推演

---

① Ji-Hynn Lee, Hyoung-June Park, Sungwoo Lim, et al. A Formal Approach to the Study of the Evolution and Commonality of Patterns[J]. Environment and Planning B: Planning and Design，2013，40（1）：23-42.

② 王伟伟，彭晓红，杨晓燕.形状文法在传统纹样演化设计中的应用研究[J].包装工程，2017，38（06）:57-61.

时，初始形状不同，最后生成的造型形状也不一样，见图 3-13。当使用相同的初始形状进行形态推演时，选取不同的形状推理规则，最后生成的造型形状也不一样，见图 3-14。

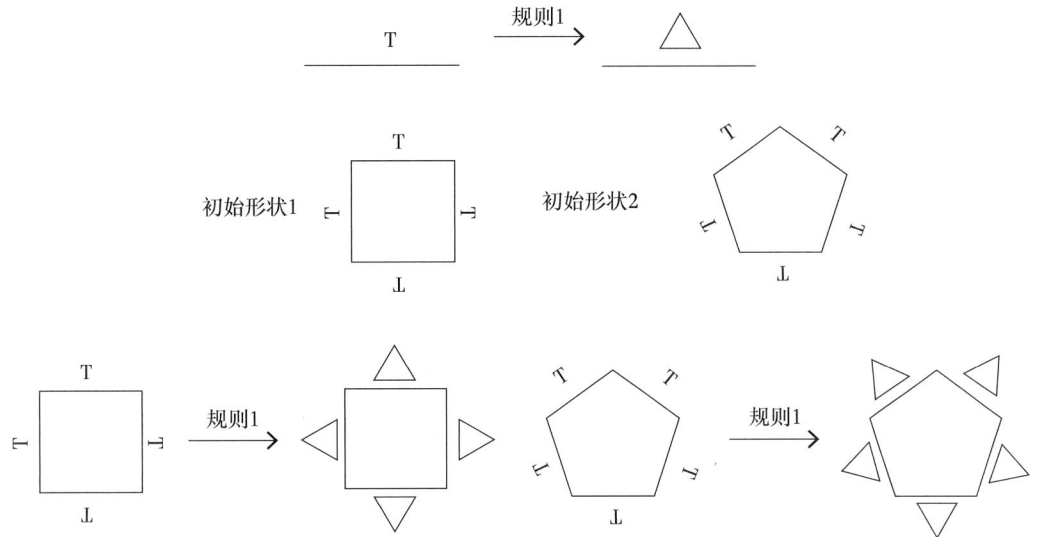

图 3-13　不同初始形状、相同推演规则

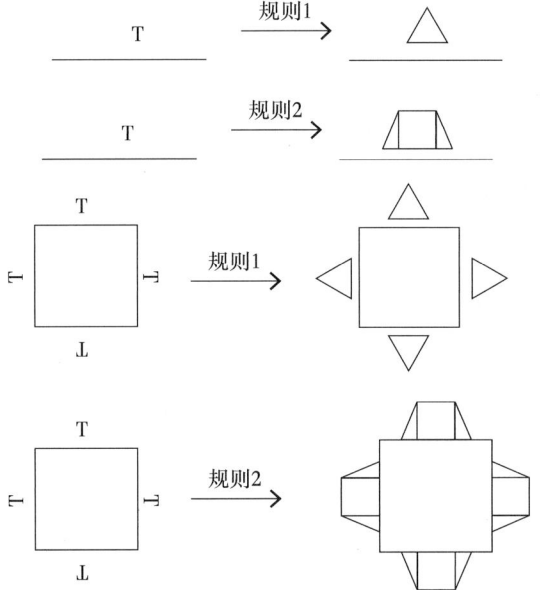

图 3-14　相同初始形状、不同推演规则

3.3.1 土家族织锦纹饰衍生设计

土家族织锦西兰卡普诞生之初是用作结婚时的棉被,后逐渐被应用到生活的各个方面。土家族织锦的纹样种类繁多、变化多样。图案类型主要包括植物图案、动物图案、生活用品图案、民间传说图案、文字图案以及现代题材的图案。其中反映宗教信仰的有:千丘田、梭罗树(自然崇拜),大蛇花、小龙花(图腾崇拜),神龛花、台台花(祖先崇拜)等;表现民俗内涵的有:老鼠嫁女、摆手舞等;表现民间寓意的有:万字流水纹、勾纹等[①]。土家族织锦具有代表性的纹样当属台台花、勾纹、万字流水纹等纹样,表3-3展示了对有代表性的纹样进行几何图形因子及设计因子的提取,表3-4表示纹样的文化内涵及可设计方向。

表3-3 纹样图案几何图形因子及设计因子提取

纹样名称	纹样图案	纹样几何图形因子提取	设计因子提取
万字流水纹			
勾纹(八勾、十二勾、二十四勾、四十八勾)			

① 李敏.鄂西土家族织锦的"图式文化"特征[J].中南民族大学学报(人文社会科学版),2008(01):65-67.

表 3-4　纹样的文化内涵及可设计方向

纹样	文化内涵	可设计方向
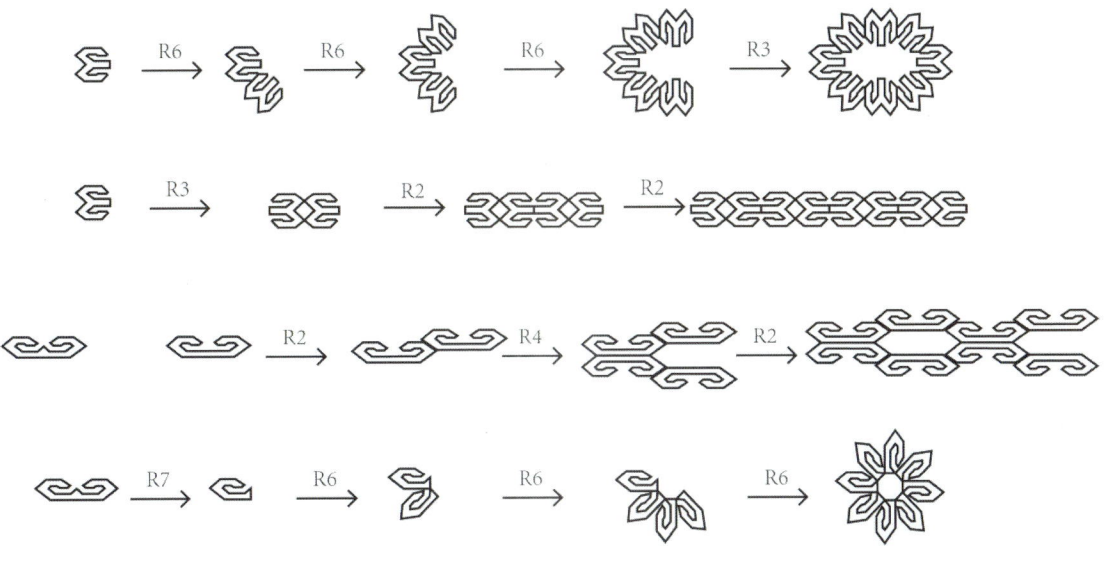	多用于喜庆之事：1.用在陪嫁的土家族织锦上，以祝福婚姻吉祥如意；2.用在小孩的被褥、衣帽以及鞋袜上，保佑小孩健康成长；3.用于老人寿诞、年节庆贺、华厦落成等	婚礼用品、儿童用品、老人礼品等
	四组对勾纹组成的八勾花，每一组都寓意深刻。一组代表新婚夫妇及其家人，一组象征天上的(天象)，一组寓意地上的(地物)，另一组表示祖先神灵。寓意新婚夫妇万事顺心，一生幸福	婚礼用品、情侣用品

形状文法能使原始符号元素通过变换得到新的符号元素，将形状文法运用于土家族织锦纹样因子的设计中，能组合成多种新的纹样图案，既保留了土家族织锦的文化特色，又增加了新的符号寓意。课题组的设计应用了从万字流水纹及蝴蝶花中提取的纹样等，主要运用了推演规则2、推演规则3、推演规则4、推演规则6和推演规则7等，通过旋转、水平镜像、位移、垂直镜像、增删来进行新的因子推演（见图3-15）。

图 3-15　因子推演

通过形状文法获得新的衍生图案，与传统的文化寓意相融合进行首饰设计。如上述因子推演中主要运用的是"八勾"纹样，"八勾"纹样在土家族寓意着新婚夫妇万事顺心，一生幸福。此类寓意即可运用到情侣用品以及婚礼用品的设计中。大方向初步定为情侣首饰，而情侣首饰包含品类较多，据调查显示，在男女都适合佩戴的情况下，目前市场上主要的情侣首饰有情侣对戒、情侣项链以及情侣手链，而情侣对戒由于其历史和适合多场合佩戴等因素，在市场中所占份额最多，甚至达到50％以上，因此课题组以情侣对戒作为设计载体，赋予其文化内涵，设计了两组名为"契合"的情侣对戒（见图3-16、图3-17）。

"契合"系列戒指采用了平面设计中的正负形原理，两个戒指的图案可以合起来，成为一个整体，既将传统图形进行了简化、再造，又将纹样寓意结合市场需求传达出深厚的民族文化内涵，服务当代生活。

图3-16　"契合"情侣对戒1（余冰雁）

图3-17　"契合"情侣对戒2（尚倩丽）

3.3.2 楚凤纹饰衍生设计

中国文学史上的浪漫抒情诗代表作《离骚》，通过丰富的意象，展现出屈原对理想与信仰的坚守。其中凤鸟意向的运用象征屈原不屈不挠的精神品格，反映了屈原在不同仕途阶段（人生道路）的人生态度。《离骚》的叙事也是将屈原仕途的四个阶段串连起来，分别为被贬阶段、反思阶段、再试阶段、徘徊阶段（见图3-18）。

仕途阶段	被贬阶段	反思阶段	再试阶段	徘徊阶段
人生态度	惟夫党人之偷乐兮,路幽昧以险隘	回朕车以复路兮,及行迷之未远	路漫漫其修远兮,吾将上下而求索	及余饰之方壮兮,周流观乎上下
凤鸟意向	鸷鸟之不群兮,自前世而固然	阽余身而危死兮,览余初其犹未悔	吾令凤鸟飞腾兮,继之以日夜	凤皇既受诒兮,恐高辛之先我

图3-18 《离骚》中屈原仕途的四个阶段划分

楚人崇凤、尊凤，凤纹在楚地各历史时期都有，商周时期的凤鸟纹饰以庄重威严为主，图案形态多为流畅的线条勾勒，意在表达对天地自然的崇拜；春秋战国时期，凤纹逐渐融入了楚人独特的审美情趣，造型变得更加灵动，纹饰线条更加柔和，彰显了楚地对生命力和自由精神的追求；到了秦汉时期，凤纹造型更为繁复华丽，线条设计趋于对称，突出秩序，象征了楚人对强盛与祥瑞的期许。[①]图3-19展示了不同阶段的凤鸟纹样、特征及凤鸟精神。

楚地器物的楚凤纹排列结构可分为波状结构、三角骨骼结构和交杵式骨骼结构，见图3-20。其中波状结构是最常见的形式，以灵动的波动形态使纹样错落有致、和谐统一，体现凤鸟纹样的自然流动性与生命的动态感。相较于波状结构，三角骨骼结构更为庄重规整，通过多个三角形组合成方形或按规则排列，增强了纹样的几何感和稳定性。交杵式骨骼结构由两组波状纹样交错构成对称骨架，常表现为凤鸟与云纹或植物花卉的融合，形成复杂而富有韵律的视觉效果。

---

① 彭杨.楚凤鸟图式及其精神研究[D].长沙：湖南师范大学，2020.

阶段	凤鸟纹样	凤鸟特征	凤鸟精神
商周时期		线条化 简洁的几何图形	对权威与神秘力量的信仰和依赖,展现出一种与天沟通、祈求神佑的精神
春秋战国		复杂而细腻的造型 凤纹以羽翼展开、身体修长的动态造型为主	追求内在自由与生命力,彰显了积极向上、不拘一格的精神面貌
秦汉时期		造型复杂 造型更加大气而富有力量感	表现出秦汉时期楚人追求和谐与稳固的社会理念,同时也映射出楚人崇尚秩序、注重权威的精神面貌

图3-19　凤纹及凤鸟精神

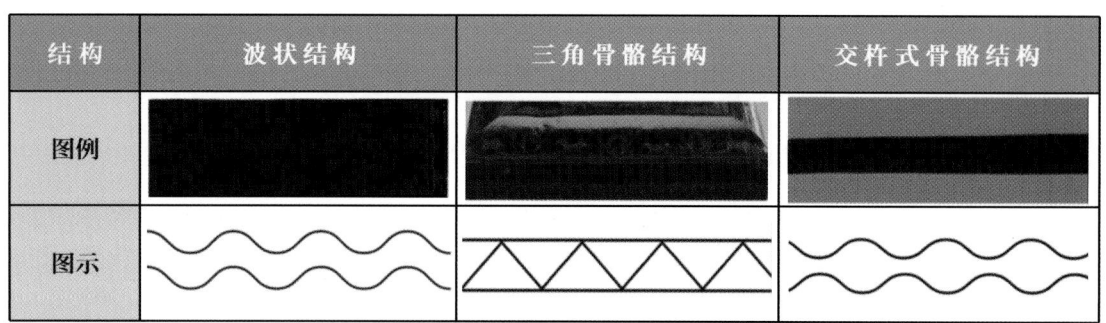

图3-20　楚凤纹在楚地器物上的三种排列结构

　　课题组以凤鸟为文化载体,以楚文化为依托,将《离骚》的文化内涵和凤纹阐释为:(1)被贬阶段的设计以挺立的凤鸟为主体,几何曲线与抽象花朵交织,象征屈原心存理想与自我实现的渴望。设计体现了理想与现实的矛盾。(2)反思阶段的首饰设计由椭圆与S形卷曲结构构成,象征人生的曲折与迂回。设计传达屈原在反思中对自我与过往的深刻认识,体现重新出发的可能。(3)再试阶段的首饰设计呈现蜿蜒细长的卷曲结构,形成腾飞凤鸟,象征坚持与不畏艰难的品质,呼应屈原在《离骚》中强调的坚定不移探索的勇气。(4)徘徊阶段的首饰设计采用S形卷曲结构,象征人生的不确定性。设计反映屈原在迷失中坚持寻找真理,追求内心的真实自我。首饰设计展示腾飞凤鸟的姿态,羽翼丰满、昂扬向上,象征自我超越与成长,体现屈原勇往直前、追求更高目标的奋斗精神。这些意象的视觉化使得饰品既能传承楚文化，又能为现代人提供情感寄托。图3-21展示了《离骚》主题饰品设计。

图3-21 《离骚》主题饰品设计（郝祖青）

在《离骚》主题饰品设计中，凤鸟符号和几何图案既承载了屈原对理想、探索、奋斗的情感，又映射现代年轻人在面对职场压力和生活不确定性时渴望安稳，期待理想、个人价值的实现，同时也映射生活的波动、寻求自我的突破。通过对饰品的解读，佩戴者在感知这些符号的同时，触及内心的情感认同。饰品作为情感与文化的载体，将持续在社会和文化发展的潮流中不断焕发新的生命力。

3.4 逻辑与算法类方法

随着信息技术的发展，人类进入了数字化时代。在首饰领域，人们对首饰的多元化、多样化、个性化的诉求，促使设计师去寻找更快捷的手段，创新设计方法。

3.4.1 参数化首饰设计

当前，设计受个人知识储备和经验的影响，很难突破思维的局限。参数化能将自然科学与美学艺术的关系逻辑有机结合，将参数化思维运用在首饰设计中，能拓宽实践路径，指导设计师以非线性的、科学的观念去观察自然的复杂性，总结世界的变化规律，以逻辑参数的可调节性，实现设计的随时修改优化，引导设计师跳脱原有的思维模式，帮助其寻找设计的最优解。

仿生参数化将生物形态归纳成具有规律的数字化特征，利用逻辑串联不断演化，兼具自然与算法、天然与人工的双重属性。图3-22是课题组根据植物剖面、生物细胞设计的"绽放Blooming"系列首饰，将自然中的植物剖面、生物细胞抽象概括为规律的几何体、渐变的多面体等单元结构，利用参数化手段赋予首饰以流动的线条感，传达自然的数字美。

图3-22　"绽放Blooing"系列首饰（刘喆倩）

首饰兼顾整体性与模块化特征。将首饰结构进行模块化拆解，能够有效调整首饰设计的整体节奏，营造视觉反差。第 2 章中有将二十四节气进行模块化设计的案例，见图 2-3 到图 2-6。

参数化技术还能对破损的首饰进行多种可能的修复，将现代科技和设计"最优解"有机结合起来。图 3-23 是课题组利用 AI 将有瑕疵的玉用黄金进行修复的效果。图 3-24 是不同品种玉料组合的参数化手镯设计，特色体现在玉料与黄金材质的纹理设计上，这样可及时剔除玉料上的瑕疵，类似传统琢玉工艺的"巧色"。

另外，参数化和数字技术也可介入功能性首饰设计，如女性安全饰品"TOTWOO 智能平安果"的系列产品。

图 3-23　瑕疵玉的修复效果　　　　图 3-24　不同品种玉料组合的首饰设计

参数化首饰的文化表达，是将独有的文化特征符号化，通过特定符号向大众传达特定的精神祝福与心理暗示，在精神的交互中不断探索文化的认同感。谷迓昂的"∞"系列首饰就将身份证号码作为个体独特存在的特征，借助参数化平台得到独一无二的首饰形态，激发大众在相同的群体中寻找个体的不同。在设计中，参数化能够在造型的不断探索中拓宽解决问题的途径，更便于其他功能的融入与创造。

不同的身体特征适合不同的首饰形态，如手指修长的人适合更小巧的戒指、脸庞偏大的人更加适合佩戴细长的耳饰等；同样，身体部位的尺度、结构等都在影响首饰的形制。参数化的个性定制，能够聚焦具体的人的需求，将部位、尺寸、维度等作为参数结构置入系统，在不断测量与调整中得到适用于某一个体的个性化定制首饰。如 Nervous System 工作室开发的数字化动态定制系统 Floraform，将人体数据作为环境约束条件输入系统，在不断的造型生成中筛选出个性化与形式美在情感、空间上共生的最优造型，以达到首饰与人体完美适配的状态。

参数化思维的首饰设计，首先需要对设计概念进行解构，在规律总结的基础上，在解构—重构的过程中选取合适的参数化应用方式，以达到理念的最大化体现，确定设计原点，对其进行特征描述、象征选取、组件探索等。其次需要利用草图对首饰的造型、尺寸、结构等进行初步探索，设置参数，在参数化平台中搭建系统模型，依据逻辑设定进行模块化推演，生成三维模型。最后对方案进行整体评估，在对参数的不断调整中完成设计。

在具体的项目设计中，首先要明确设计目的与概念，进而对其进行拆解，确定设计原点即概念的主题，如要表达社会的某一现状、要增加首饰的某一功能、要将声音体现在设计中等，以此来确定参数化的应用方式。在设计初期，可以实验性地从多方面引入参数化，来拓宽设计的思路与方向。参数化选择与部分概念词语的对应见表3-5。

表3-5　参数化应用与概念词语对应表（张馨元 整理）

应用方式	形态参数化	功能参数化	内涵参数化	定制参数化
概念词语	造型、材质、色彩、结构改变等	能力性词语，如收纳、求救、照明等	含义、祝福、表达、唤醒、创造等	个性化、以人为本、人体结构、贴合等

课题组以麋鹿的科普与保护为初衷，旨在以首饰为载体探索麋鹿与人、麋鹿与自然的关系。故对麋鹿从外貌特征、生态习性、遗传基因、相关声音四方面进行拆解，分别对应参数化应用，进行首饰的系列化设计，由于麋鹿种群是近亲繁殖且遗传多样性贫乏[1]，因此以衡量种群基因变异程度高低的多态信息含量（PIC）为数据来源。参数化应用方式、设计原点与象征选取对应见表3-6。

表3-6　参数化应用、设计原点、象征选取对应表

应用方式	设计原点	象征选取
形态参数化	外貌特征	麋鹿角枝
	生态习性	麋鹿生态廊道
	遗传基因	多态信息量
定制参数化	相关声音	声音拼接

对麋鹿的四个设计原点进行参数化生成分析归纳，形成两个系列。在以多态信

---

① 张林源，吴海龙，钟震宇，等.北京麋鹿苑麋鹿种群的微卫星多态性及遗传结构分析[J].四川动物，2010，29（05）：505-508.

息含量数据为生成方式的系列1中，着重于造型与材质的整体运用，突出形态外观的独特性。在以声音可视化为生成方式的系列2中，将麋鹿不同阶段的声音可视化，使形态随声音的变化而变化，突出造型的动态变化。系列化首饰相关信息见表3-7。

表3-7 系列化首饰的参数化生成方式与组件探索

系列名	设计原点	生成方式	组件探索
系列1	外貌特征、生态习性、遗传基因	数据生成	造型与材质的整体运用
系列2	相关声音	声音可视化	造型的动态变化

饰品类别为胸针、耳饰、戒指、颈饰。初步限定尺寸如下：胸针50 mm×50 mm，耳饰40 mm×40 mm，戒指70 mm×45 mm，颈饰150 mm×150 mm。在系列1的设计中，依据麋鹿角枝、生态廊道、PIC数值分别提取出7、8、8组数据，对其三视图进行绘制，首饰初步形态如图3-25所示。

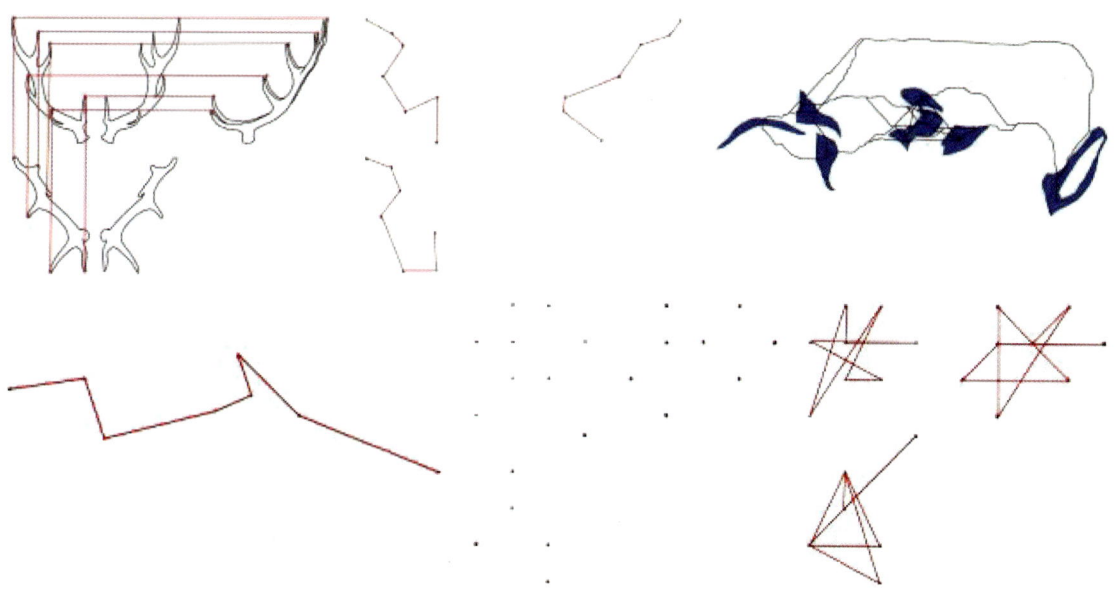

图3-25 系列1首饰初步形态

首饰基础造型及参数确定完成后，在Rhinoceros与Grasshopper的参数化设计平台上进行模型的建立和参数的调整。在系列1的设计中，依据数据坐标创建点数，并在Grasshopper插件上拾取，通过Interpolate和Connect Curves创建过点曲线，运用Perp Frames在曲线上生成截面，同时利用Ellipse设置截面尺寸。将截面连接成体，运用Populate Geometry在立方体上随机抓取点并连接成线，最后在MultiPipe中将线成管。逻辑关系见图3-26。

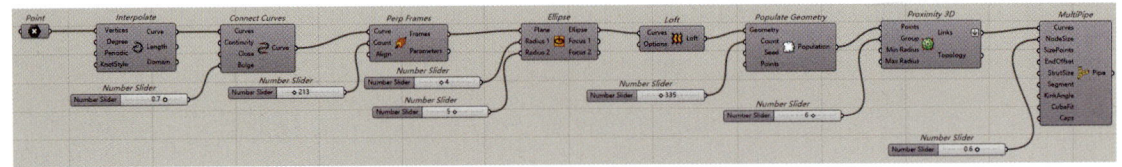

图 3-26 系列 1 Grasshopper 逻辑关系

在系列 2 的声音可视化首饰设计中，借助 Grasshopper 的 Mosquito 插件导入音频并读取数据。绘制圆形为可视化整体形态，进行等分后将节点向法线方向移动，距离与音频动态数据保持一致，两点相连成线。同时在将圆形等分后利用 Horizontal Frame 在等分点上建立平面，在此基础上绘制立方体，设置起始点，其高度变化依旧与音频动态数据一致。逻辑关系见图 3-27。

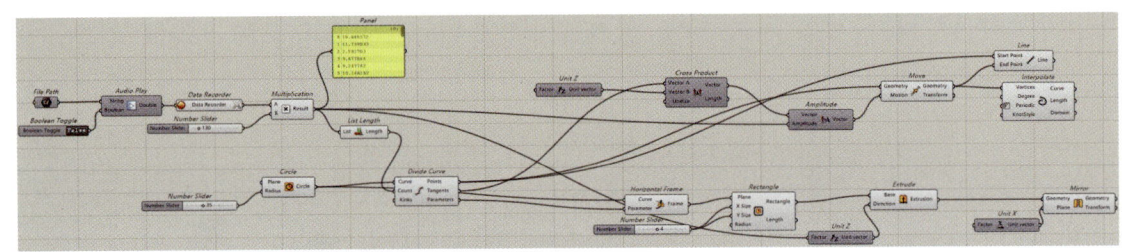

图 3-27 系列 2 Grasshopper 逻辑关系

以上述逻辑生成的大致形态为基础进行设计调整，得出系列化首饰，见图 3-28。

图 3-28 "麋鹿"造型与声音可视参数化首饰设计（张馨元）

参数化的应用使每一个步骤都更加清晰明了，科学、高效，大大节省了设计中需要不断调整、反复修改的步骤。同时，造型的不断生成，能够给设计师带来意想不到的惊喜，从而有效启发设计师的思路，拓宽设计的边界。在与企业的沟通中对首饰设计方案进行评估，可从设计灵感、元素提取、参数化应用、逻辑搭建、形态演变、造型调整、最终成果七个方面详细展示。

目前，参数化技术在首饰设计中的应用尚处于初级阶段。值得注意的是，参数化虽然能够依据参数自动生成形态，但其结构及细节等仍需设计师进行判断与选择，参数化的核心步骤仍由设计师掌控。

3.4.2 AIGC生成式首饰设计

自1997年IBM深蓝击败人类选手国际象棋冠军加里·卡斯帕罗夫以来，人工智能（AI）进入飞速发展时期。现在，人工智能和逻辑算法逐步介入各类设计领域，从平面设计到建筑、时尚和产品设计，人工智能技术逐步改变了设计师的工作方式和产出结果的过程。图3-29是人工智能提高设计创作效率的发展历程。

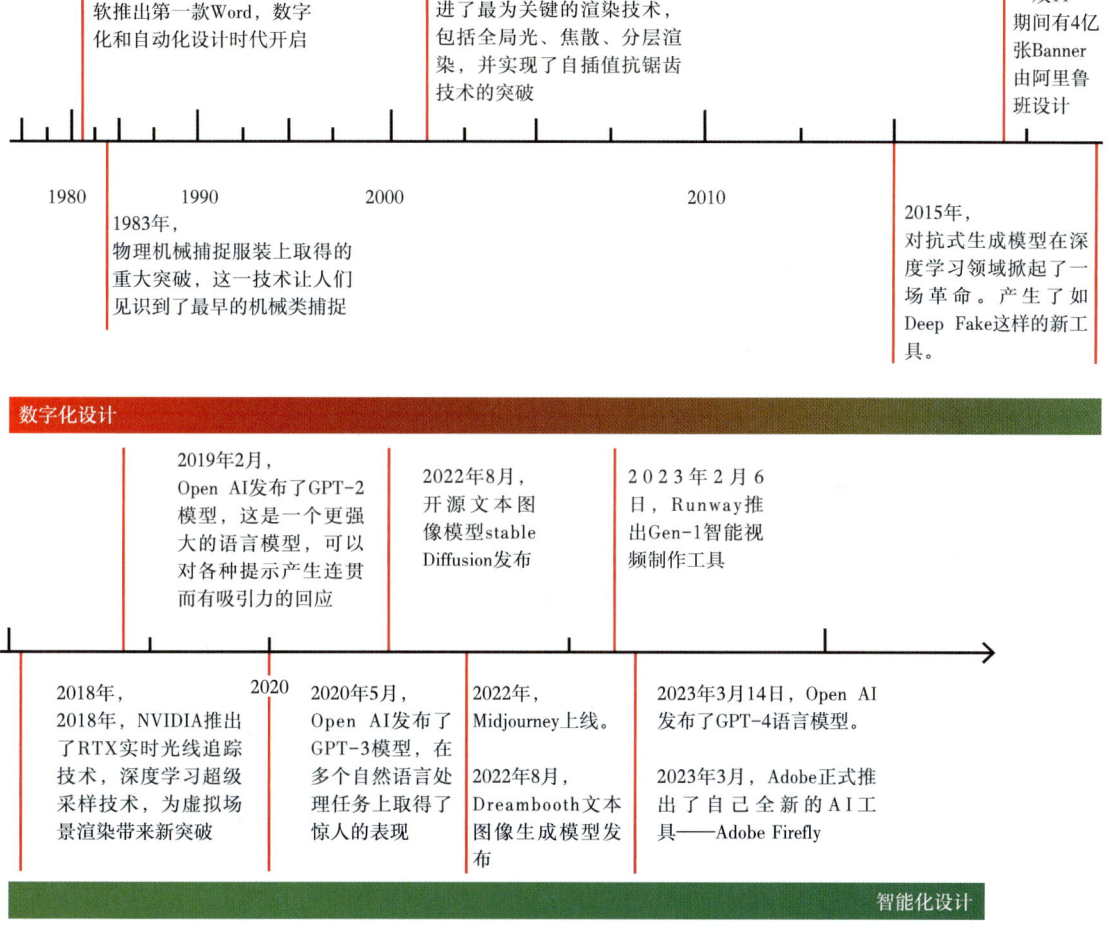

图3-29 人工智能提高设计创作效率发展历程

增强现实（AR）和虚拟现实（VR）技术形成的虚拟原型为设计师开辟了新的创意途径。而创造性需要逻辑思维和形象思维的有效协调。人工智能的学习过程是神经网络趋于收敛的过程，它不能像人类一样明确地表达自己学到了什么，学会了什么，哪里还不懂。现阶段的人工智能研究与实践，主要集中在神经网络方向，这是一种在数学模型上对人脑神经元结构处理信息的模拟，人工智能可以按照逻辑模仿梵·高《星空》的绘画风格，或者模仿超现实主义艺术家达利的画作，也可以模仿CLAMP的风格制作2D人物画，但是还没有人工智能可以形成一种属于它自己的风格。图3-30是课题组绘制的生物神经元结构与神经网络数学模型。以Diffusion模型为例：它先对样本进行噪声叠加，直到样本完全变成噪声，然后拟合噪声叠加的逆向过程，在充分次数的迭代后最终生成一个最优的逆向过程权重参数集合，这个权重参数集合并不包含任何样本数据。而对抗式生成（GAN）模型，是通过一个生成网络和一个判别网络互相对抗，使生成网络输出最终无法被判别网络准确识别。在理论上GAN模型可以完全不需要样本，只是在实践中为了加快迭代收敛过程，研究者通常使用预期的样本作为神经网络输出的对照。图3-31是课题组绘制的神经网络模型学习得到的权重参数集合。

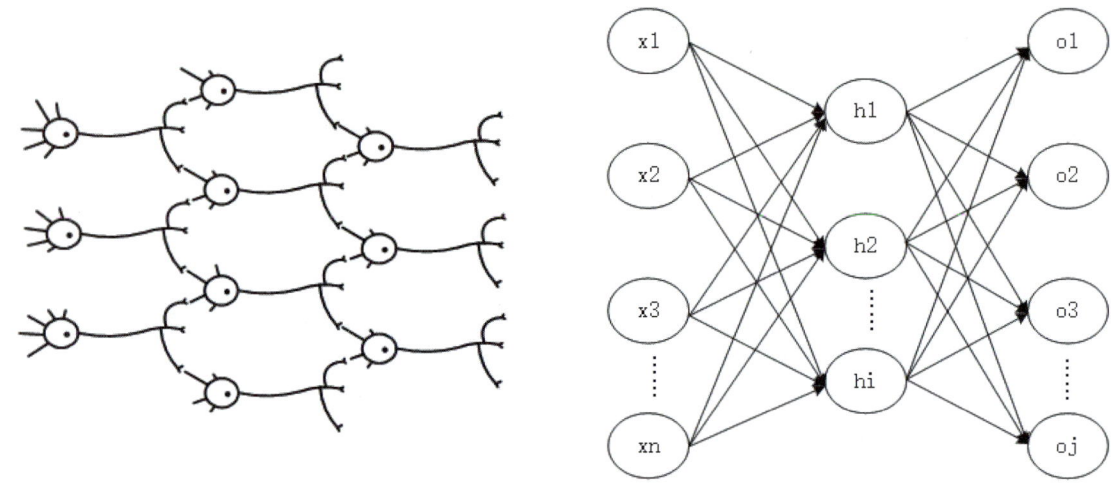

图3-30　生物神经元结构与神经网络数学模型（程帅）

AI作为强大的设计工具，在处理默会知识、综合归纳、发现暗知识方面有极大优势，利用AI作为辅助工具，将人工智能算法生成饰品创意的基础，能够更快捷、生动、丰富地将设计意图以文字或图形图片转译成需要的视觉效果，实现快速更迭多种方案。本书以"山海经——皮影再造"饰品设计为例展示设计流程。

首先，梳理传统文化中神兽的寓意，选取了应龙、凤凰、鲲鹏、鹿蜀以及九尾狐五种在当今生活中仍有祥瑞意义的形象进行文字和图形的整理，如表3-8所示。

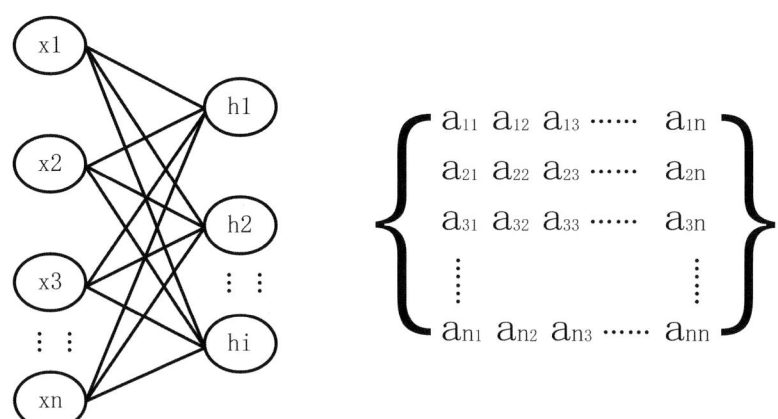

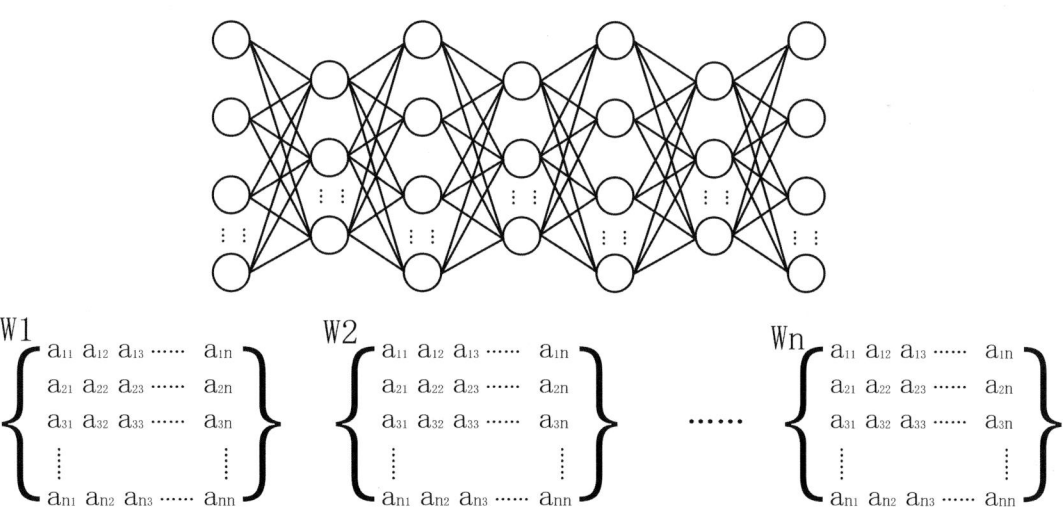

图3-31　神经网络模型学习得到的权重参数集合（程帅）

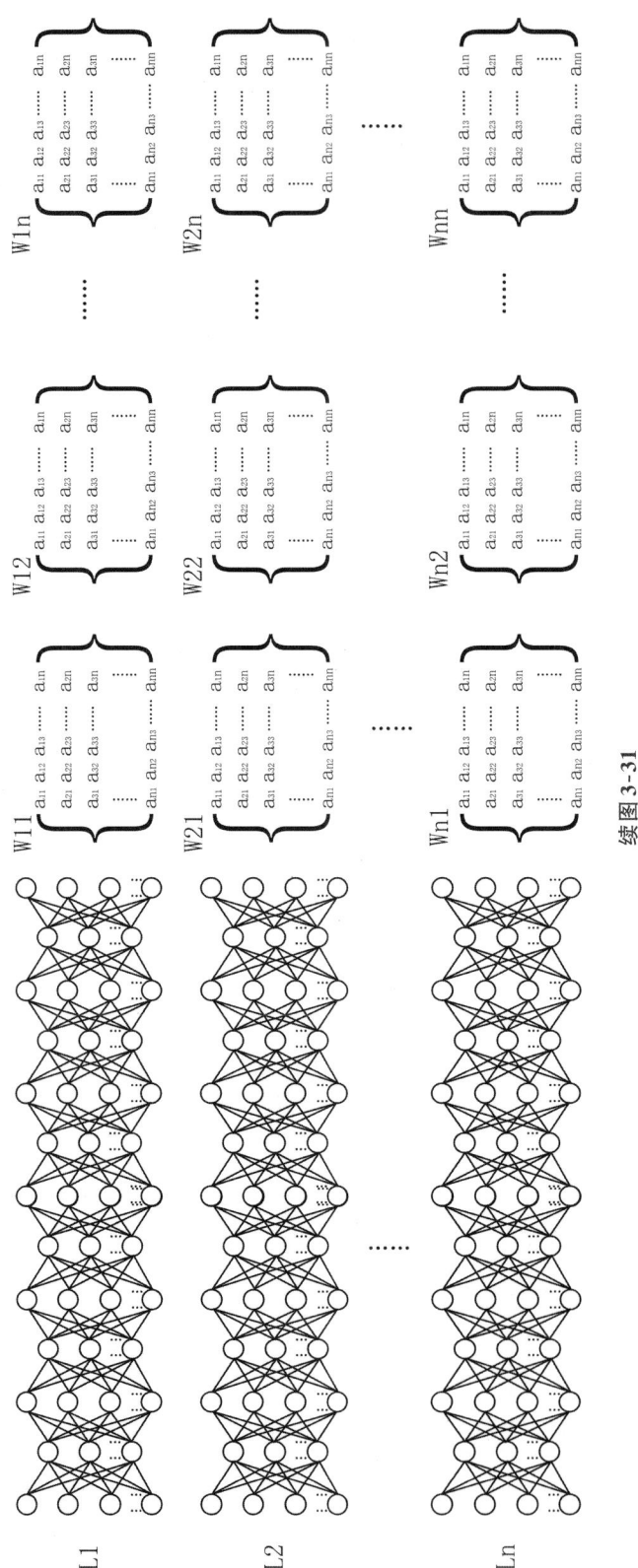

续图 3-31

表3-8 《山海经》神兽梳理

名称	图片示例	寓意
应龙		通情达理、光明洞彻、佼佼者、人中豪杰、幸运、成功
凤凰		贤身贵体、杰出、优雅、大富大贵、吉祥、高贵、人才、天下太平
鲲鹏		才华横溢、志向远大、品质优良、不慕名利、向往自由自在
鹿蜀		活泼可爱、加官进爵、大权在握、灵巧、睿智、能干

续表

名称	图片示例	寓意
九尾狐		为王称帝、婚姻爱情之兆、好运、福祉、财富和高贵、长寿和智慧、繁荣、吉祥

其次，手绘意向草图，输入Midjourney标记最基本的形状。根据算法标签不断生成相关的结果。由于具象化的神兽造型太过繁杂，所以在调整参数时着重强调抽象与当代性。依照指令"主体＋场景＋风格＋色彩＋材质＋设置"对设计进行优化和调控，操作步骤见图3-32。

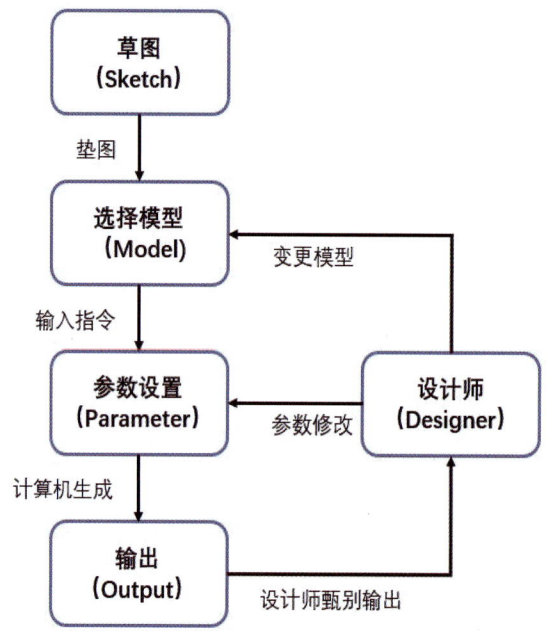

图3-32　Midjourney 设计步骤

在此步骤中，对于传统文化精神的把控主要在设计师的手绘草图和根据AIGC算法逻辑转化的提示词（prompt）文本中。设计使用了Blend模型，提示词包括Shadow figure、Jewelry design、Abstract、EVA/PVC、Multi-color和Chinese style等。图3-33展示了凤凰耳饰从垫图、增加提示词到最后生成的流程图。

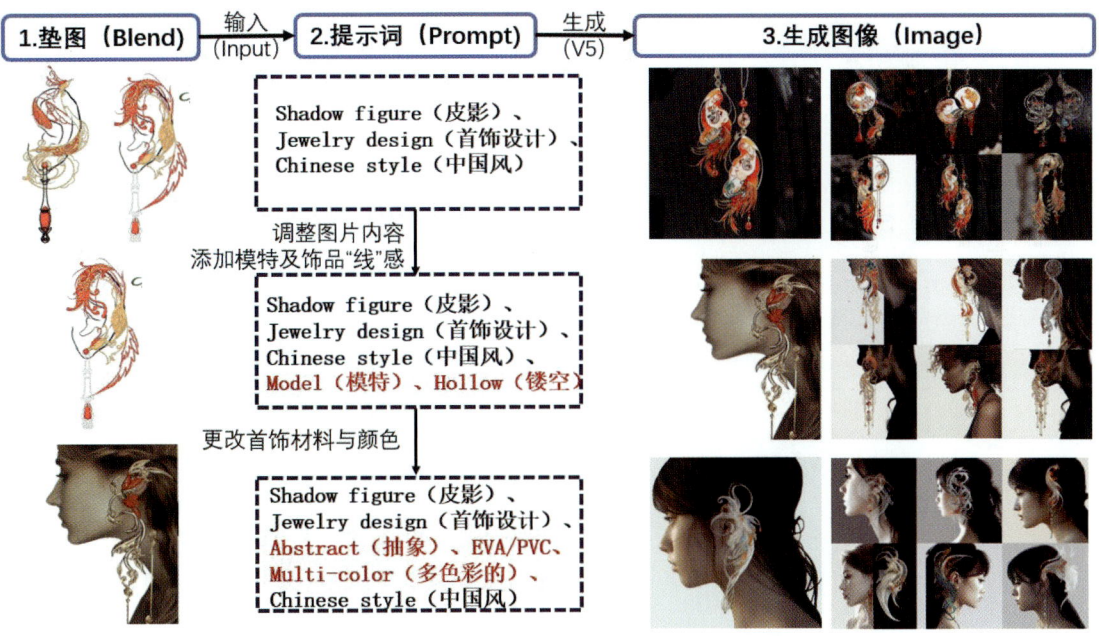

图 3-33　凤凰耳饰设计步骤

其他神兽的设计转译步骤基本一样，在"鲲鹏耳挂"设计过程中，为增添其华丽感并强化视觉冲击，融入了宝石这一代表性的"点"元素，并尝试引入"皮影"作为关键词，但效果略显沉重，风格接近欧式。后续强化了"皮影""中国风"和以"珐琅花丝"作为代表"线"的元素，生成的造型过于复杂。接下来添加了"简化""海浪""EVA/PVC"以及"多材料"等关键词，旨在模拟皮影的透明感和通透感。最后，采用了一种特殊的技巧，将之前的生成图与凤凰耳饰效果图进行细致的融合，使二者的特点都得以体现，最终完成了"鲲鹏耳挂"的设计。

在"应龙项链"的设计中，进一步推进了融合的理念，每个步骤都带有明确的目标和调整方向。选择与"鲲鹏耳挂"进行直接的融合，这样，在完成耳挂和项链设计后，代表"线"的元素将体现得更加鲜明，而线是中国传统艺术的主要表现形式，且与游龙的流动感产生了呼应。但这款生成设计也存在明显的缺点：神兽的种类与形态表现得不够鲜明、整体设计过于平面化，失去了立体感和深度，因此，在控制词中添加"龙"这一关键元素，并进行了两轮的修改与更迭。这种调控使得项链的造型更加立体，并将"多材料"的特性和"立体感"融入其中。

在"鹿蜀面饰"设计过程中，为了体现面饰的当代性，选择使用"鹿""抽象"和"简化"词汇，同时引入了"皮影"和"EVA/PVC"等关于风格和材料的关键词，但这一步骤的生成设计仍然存在一些不足，如层次感不明显，因而添加更多的"点"

和"线"元素的搭配。随后，添加"动物"和"抽象"这两个关键词，然而，这一步骤也遇到了困难，主要是首饰所使用的材料过于单一，导致整体效果仍未达到设计者的初衷。最后，在首饰的结构和透色效果基本确定之后，决定与鲲鹏系列中多材料项链的"面"元素进行深度融合，最终效果见图3-34、图3-35。

图3-34 "山海经——皮影再造"饰品展示（袁梦）

图3-35 山海经神兽饰品展示（袁梦）

以微信、微博、抖音、快手为代表的传播平台利用以 VR、AR、裸眼 3D 幻影成像技术为支撑的沉浸式传播，通过加强受众的参与感、获得感提升用户体验，带来高流量和收益，推动数字经济的发展。本研究在前期 AI 效果图及建模渲染的基础上，利用 Nomad、Procreate、Sharpe3D、Reality Composer 等技术工具，为饰品的使用者提供一套增强现实（AR）首饰体验方案，通过手机、iPad 等终端设备，观众能够直观地体验到模拟真实首饰的佩戴效果，可以与鲲鹏、应龙、凤凰、鹿蜀和九尾狐等神兽进行互动，为用户提供了沉浸式的文化体验，见图 3-36。人工智能依靠深度学习设计师手绘的《山海经》神兽草图，奠定基本风格模式，借助相应匹配的生成模型，使得传统文化转译的饰品设计更具创新性和多样性。

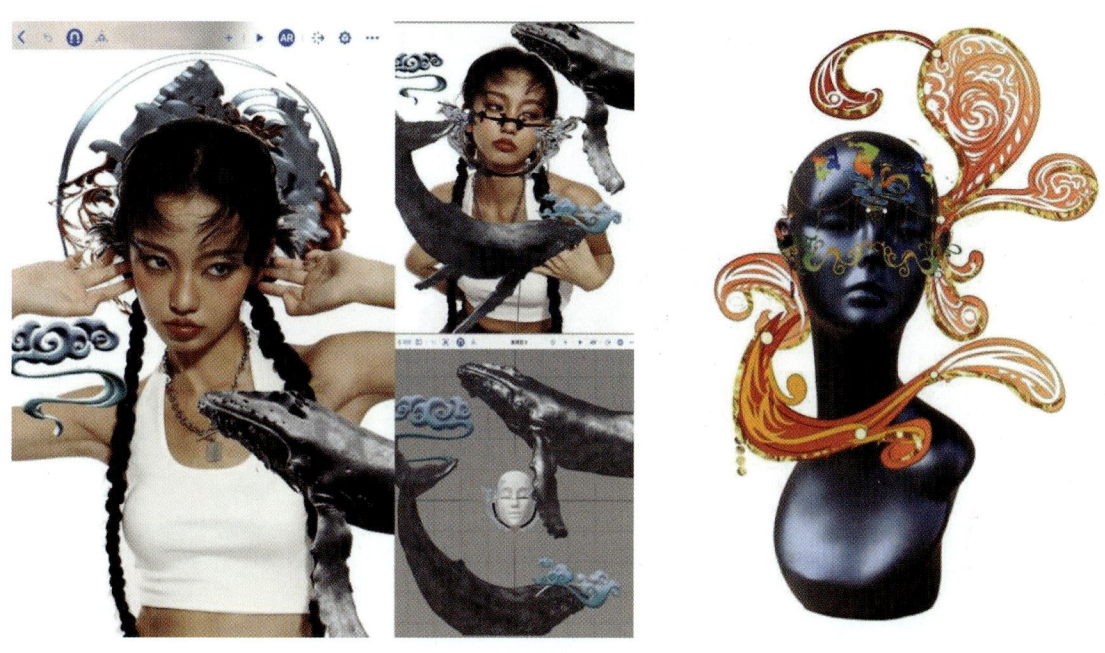

图 3-36　"山海经——皮影再造"饰品 AR 展示（袁梦）

除民间故事之外，传统文化很大一部分也来自匠人的传承，如中国古老的绒花、缠花等饰品的制作工艺传承，因此，在利用 AI 生成式设计时，需要回望过去，助力传统文化的活态化传承。图 3-37 是课题组以中国传统文化为主题的转译虚拟饰品设计，饰品由唐三彩、传统花卉与凤凰和蝴蝶形态简化抽象而成。此类设计方法突破传统设计框架，不仅探索优秀传统文化的视觉化、饰品化设计路径，而且使用新的符号语言，利用当代科技实现了文化传承与科技创新的双重跨越，为进一步的文化传播奠定了基础。

图 3-37 中国传统文化转译的虚拟饰品设计（苏文俊、赵艺菲、彭诗琪）

第4章

当代饰品的外在叙事

Dangdai Shipin de Waizai Xushi

毕庸讳言，我们熟知的社会群体都会用服装和饰品来装扮自己，传达或标榜身份、地位、爱好、生活境遇甚至人际关系。从词源学看，"中国"一词用英文表示是"China"，而"china"也是"瓷器"的意思，"日本"英文翻译是"Japan"，意即漆器（虽然日本漆艺源于古代中国），都是通过外在的物质讲述内在意义，同样的，谬误也有，如，"绿松石"英文"turquoise"，意为"土耳其石"，而土耳其并不产绿松石，是古代波斯产（中国也产）的绿松石经土耳其运进欧洲而得名。也有以服饰名词指代个人身份地位的情况，如"獬豸冠"，是中国古代御史等执法官吏戴的帽子。獬豸，传说中的独角神兽，性忠，能辨曲直，因而寓意戴冠的执法者坚定不移、威武不屈。不论是文化的载体，还是文化的内涵，都是通过外在叙事的方式沟通与交流。

"叙事"本身是一种文学用语，是指采用各类手段讲故事的方法[①]。20世纪80年代以来，后经典叙事学的发轫极大地拓展了叙事研究的视野，强化了叙事学与文化、传播等其他学科的联结[②]。饰品设计将叙事学作为一种方法论，其承载故事的能力更强，对饰品情感的表达更具持续性和交流性，不同的叙事角度表达不同的故事内涵，让文化为叙事性饰品设计赋值，不仅使得用户得到感官体验，更能有效传承文化。

4.1　多模态的情境叙事

情境叙事是通过语言、文字、图像或其他形式将故事、场景或情境展现给听众、读者、观众，其核心在于有效地传达情绪和环境，激发受众的想象。情境叙事广泛应用于文学创作、电影、戏剧、广告以及产品设计领域，能帮助人们更好地理解和感受故事中的事件、情感和人物关系，从而产生共鸣和参与行为。文学作品中的叙事能使读者更好地理解情节和角色的内心世界；在电影和戏剧中，恰当的情节讲述能够增强观众的代入感和情感体验；在广告中，情境叙事能够吸引观众的注意力，加深观众对产品或服务的理解和认知；在产品设计领域，能使消费者对产品的内涵产生兴趣，激

① 李晓梅.动态、隐喻与升维——视觉传达中的叙事设计[J].装饰，2021(09):29-33.
② 胡建斌.叙事传播视角下红色文化主题游戏的设计[J].四川戏剧，2022(06):127-129＋139.

发消费者的购买欲。饰品是特殊的产品，其设计弱化实用功能而强化装饰和调节情绪功能。

唐代文学家温庭筠的代表作《菩萨蛮·小山重叠金明灭》中，"小山重叠金明灭，鬓云欲度香腮雪。懒起画蛾眉，弄妆梳洗迟。照花前后镜，花面交相映。新帖绣罗襦，双双金鹧鸪"，描写了古代女子起床、梳洗、打扮、妆成等动态情景，通过"前后镜"看到"花"（即簪花）和"面"（美丽女子的面庞）交相映，还有新熨的绣有金鹧鸪纹样的衣衫，全词运用反衬的手法委婉揭示贵妇内心世界的孤独寂寞，饰品通过文字描述呼之欲出。

图4-1是课题组根据日常生活产品、生活场景设计的系列饰品，刻意规避传统珠宝的设计范式，将俯视的咖啡杯、干枯的植物容器、框架水果、棋盘、工业产品废弃物等造型，通过不同主题、材质、形态的"自由"堆砌，讲述现代文明下的可持续生活场景和状况，打造不刻意迎合商业市场的首饰造型。同样，匈牙利珠宝设计师蕾卡·勒林茨（Réka Lörincz）[①]的当代首饰作品一般都在艺术画廊出售，她的作品模糊了纯艺术表现与设计应用之间的界限，区别于通常的批量"大货"（批量生产的商品），她认为首饰设计是"一项如何赋予事物新价值的游戏"，坚信饰品连接着身体、灵魂和精神，在研究如何将自己的不同情绪状态转化为物理现实的过程中，她感兴趣的是概念的凸显，而不是物品的形状，在设计珠宝、物品和装置时，寻求体验一种自由的感觉。她不认为自己的工作是设计，而认为是纯艺术，她希望自己的作品能引人深思。

图4-1　课题组根据不同生活产品、生活场景设计的系列饰品（刘喆倩）

---

① 中国服饰新闻网.专访 Réka Lörincz：最重要的是把负变正 .https://m.tnc.com.cn/info/c-013003-d-3374703.html.

 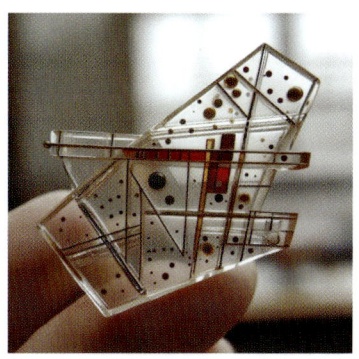 

续图 4-1

外在叙事的多模态（multimodal）结构，常常用语言、文字、图像、情绪表情传达，图 4-2 是笔者针对不同情绪状态设计的情景叙事系列作品，从左到右的情绪状态依次为：激动、沉寂、畅快。外在叙事也使用音效、动态等素材，科技使得声音可视化。Encode Ring 是日本一家小型珠宝制作公司推出的用声音制作的声纹戒指，这款戒指能够依据人们的声纹成型，把平时难以开口的情话或者感谢语以视觉形态永远保留下来，送给心爱的人。图 4-3 是笔者设计的水纹戒指，固化某些特定时刻的形态。

图 4-2　不同情绪状态下的情景叙事首饰设计（刘喆倩）

图 4-3　水纹戒指（刘喆倩）

　　课题组以豫剧文化符号为例，将花木兰角色元素分解，划分为视觉的显性文化符号和声音的显性文化符号，并进行符号寓意的解析，提取文化精神，为后续设计提供纲领性的文字，如表4-1所示。

表4-1　花木兰角色文化符号意蕴解析

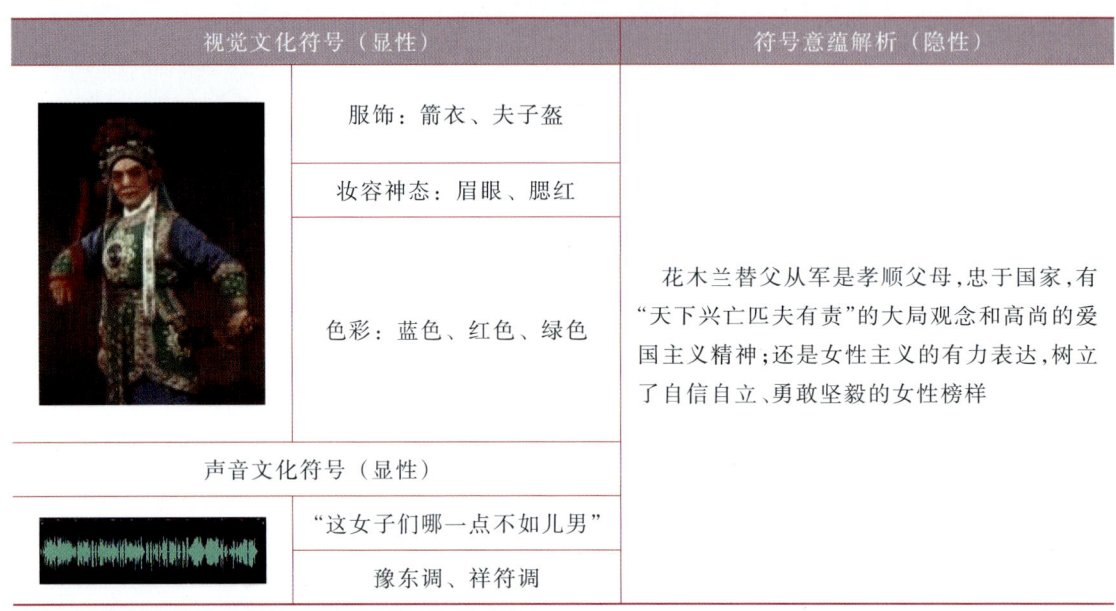

视觉文化符号（显性）		符号意蕴解析（隐性）
	服饰：箭衣、夫子盔	
	妆容神态：眉眼、腮红	花木兰替父从军是孝顺父母，忠于国家，有"天下兴亡匹夫有责"的大局观念和高尚的爱国主义精神；还是女性主义的有力表达，树立了自信自立、勇敢坚毅的女性榜样
	色彩：蓝色、红色、绿色	
声音文化符号（显性）		
	"这女子们哪一点不如儿男"	
	豫东调、祥符调	

　　经过筛选、提取的显性文化符号是具象的，需要将其按表4-1中的符号意蕴进行抽象，剔除装饰性的细枝末节，保留独有的构成形式和视觉识别度；声音借助音频分析和可视化工具转换为有一定构成规律的克拉尼图形，再归纳到图形骨骼中，见表4-2。有了叙事内涵的图形，见图4-4[①]，饰品设计就有了灵感和基础。

表4-2　豫剧文化视觉、听觉符号提取

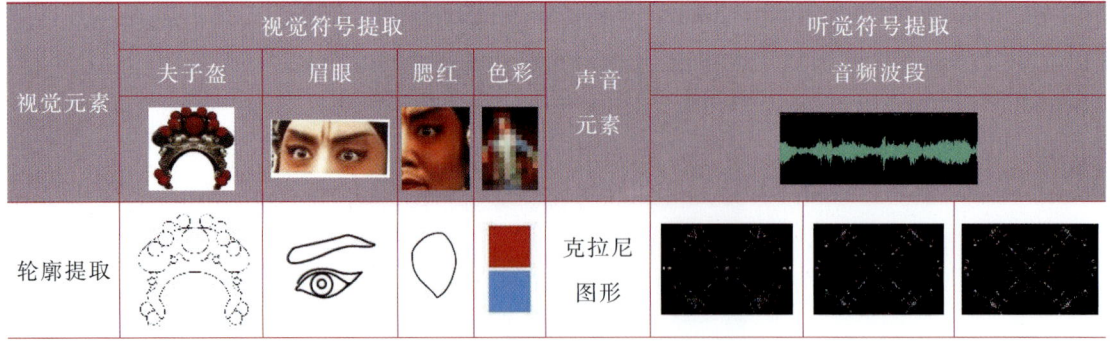

视觉元素	视觉符号提取				声音元素	听觉符号提取		
	夫子盔	眉眼	腮红	色彩		音频波段		
轮廓提取				🟥🟦	克拉尼图形			

① 袁青枫，彭红.豫剧文化符号在家居产品设计中的应用研究[J].工业设计，2025（01）：134-138.

续表

视觉元素	视觉符号提取				声音元素	听觉符号提取		
	夫子盔	眉眼	腮红	色彩		音频波段		
	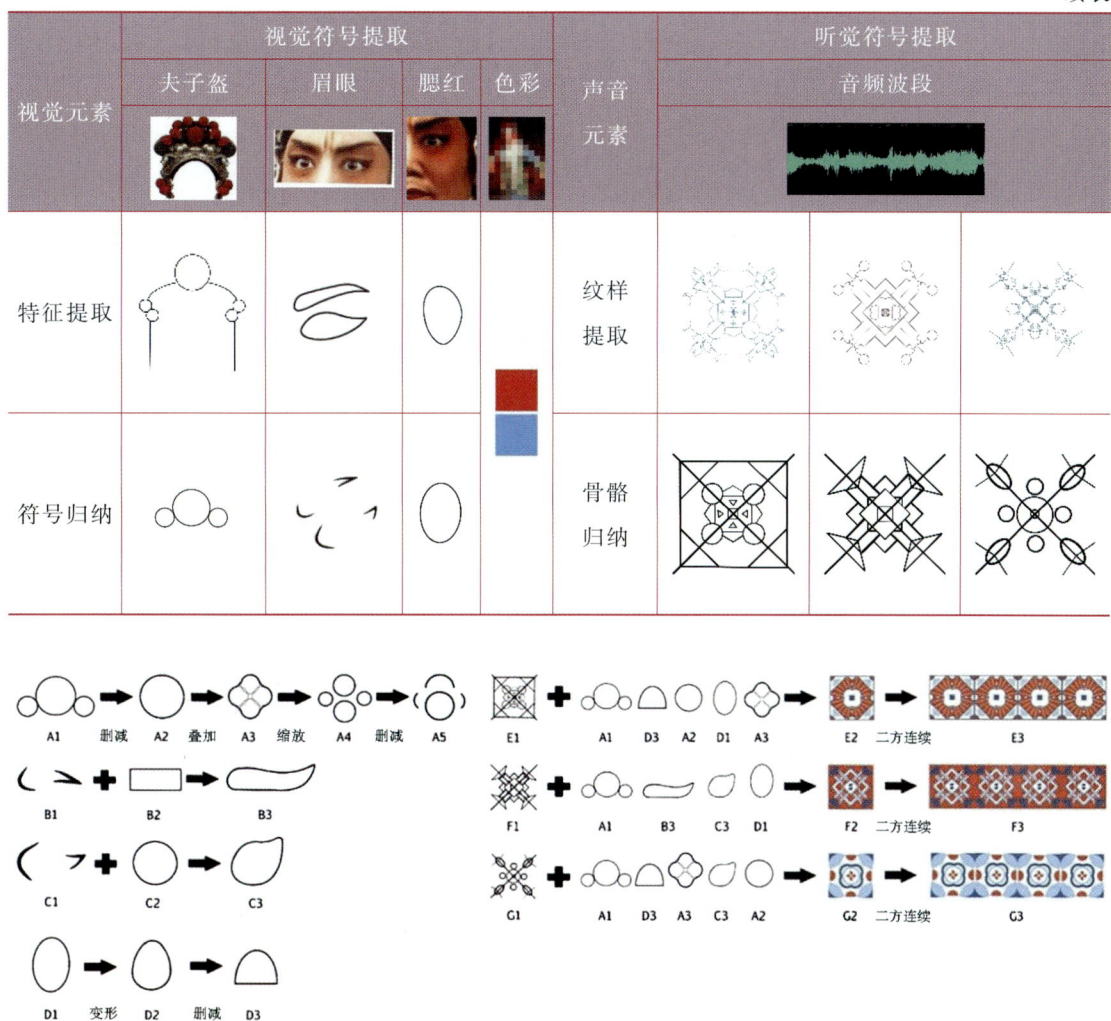							
特征提取					纹样提取			
符号归纳					骨骼归纳			

图4-4 豫剧花木兰文化符号推演过程（袁青枫）

中国文化典籍《庄子》是道家的代表著作，对后世的文学、美学及哲学具有深远影响。图4-5是基于《庄子·逍遥游》的"逍遥·境"叙事首饰设计。在《逍遥游》中，庄子赋予鲲鹏深刻的喻义，鲲鹏由北冥往南冥的过程就是以心灵智慧驾驭欲望意志，追寻大道的过程。在设计中，将这一意象塑造成太极之势，穿插海浪、云朵元素等，叙事明了；以圆雕、透雕的形态表现，层次清晰。作品除具有基本的胸针属性外，还在结构上进行模块化设计，使胸针部件可以拆卸，变为项链吊坠、耳饰或两个胸针，互相嵌套的造型增添佩戴者与首饰的互动趣味，使情境叙事更多维。

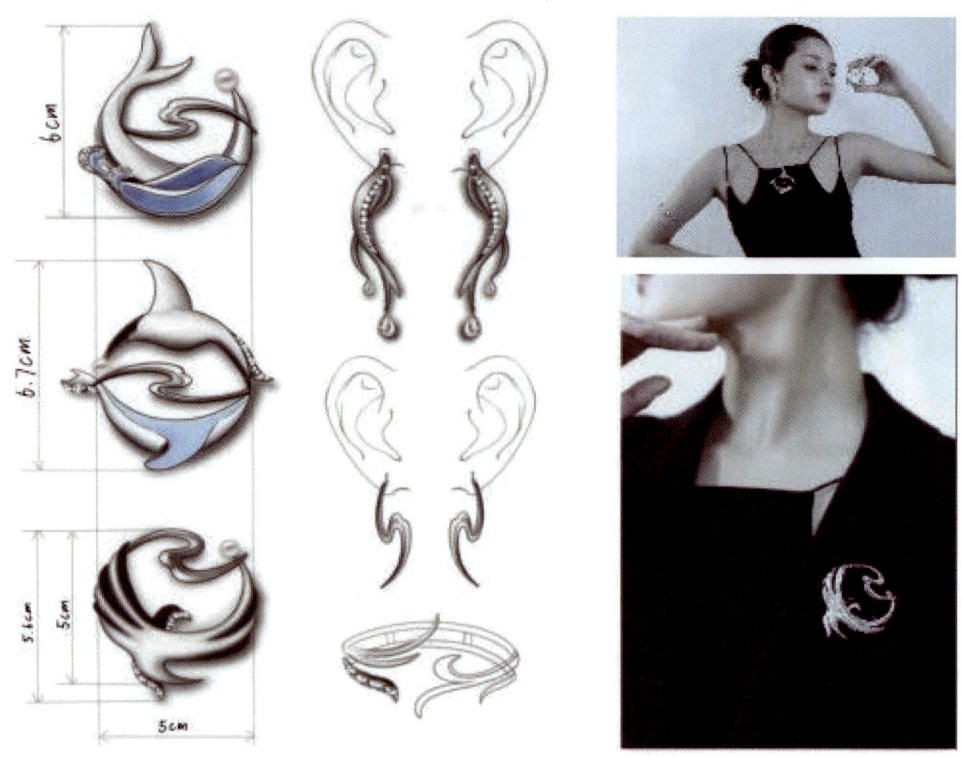

图 4-5 "逍遥·境"叙事首饰设计（吝彦霏）

4.2 关系叙事

　　饰品设计中的关系叙事包括设计表达人与人之间的关系、人与物之间的关系、物与物之间的关系、人与环境的关系、环境与环境的关系、材料与材料的关系。

　　可可·香奈儿曾说，"旧衣服就好比老朋友"，表达了人与物的依恋关系。"衣服就像文本，像叙述，像故事，关乎我们生活的故事。如果你把自己一生所有的衣服聚集到一起，每只婴儿鞋、每件棉衣以及婚纱，那么你就组成了一部自传。"[①]再次穿上曾经的衣物，你会重新体验生活中与之相对应的阶段。在饰品设计的关系叙事中，主要突出的是饰品的结构和形态，较少关注材质。德国童趣饰品 Breadcrumbs Craft 的 Etsy 商店出售设计师 Anna Tverdokhlebova 的手工饰品，她来自俄罗斯，后居住在柏林，从事过插画工作，并将插画中的人物、动物、植物、人造物（房子、车、家具桌椅等）及其之间的关系用黏土、黄铜等材料制作成饰品，多种组合方式可实现穿戴者与饰品之间的互动，形成完整清晰的关系叙事。

---

　　① 琳达·格兰特.穿出来的思想家[M].张虹 译.重庆：重庆大学出版社，2014：102.

人与物的关系叙事有强烈的个人偏好，如琳达·格兰特描述她对20岁时穿的一双粉色山羊皮坡跟鞋的深刻印象：把散了架的鞋子扔进垃圾桶，感觉是一份爱情的遗失。[①]小红书上有一款毕业设计作品——"前男友的花"饰品，以银、黄铜、玫瑰干花为材料创作，扭曲的形态（字母ＬＯＶＥ的变形）、成对过期的花朵，突出的是精神意向和有着纪念意义的物质。笔者以红豆寓意相思，设计人物关系叙事饰品（见图4-6），人的心绪隐藏在纠结的线条中，循环往复，似乎没有尽头，也似乎随时可以走出。

图4-7是课题组成员以上海自然博物馆藏品为依托设计的系列吊坠，叙述的是动物和环境的关系，自然形态的动物造型（含肢体和骨骼）与人工形态的方框形成强烈的对比，发人深思。图4-8中笔者用金缮工艺抽象地传达了读书、同窗、行万里路之间的关系。饰品的关系叙事在功能的设计上创新较少，而重在感官刺激的视觉叙事设计或触觉材质设计。

图4-6　红豆寓意相思的关系叙事的饰品设计（刘喆倩）

---

① 琳达·格兰特.穿出来的思想家[M].张虹 译.重庆：重庆大学出版社，2014：110-111.

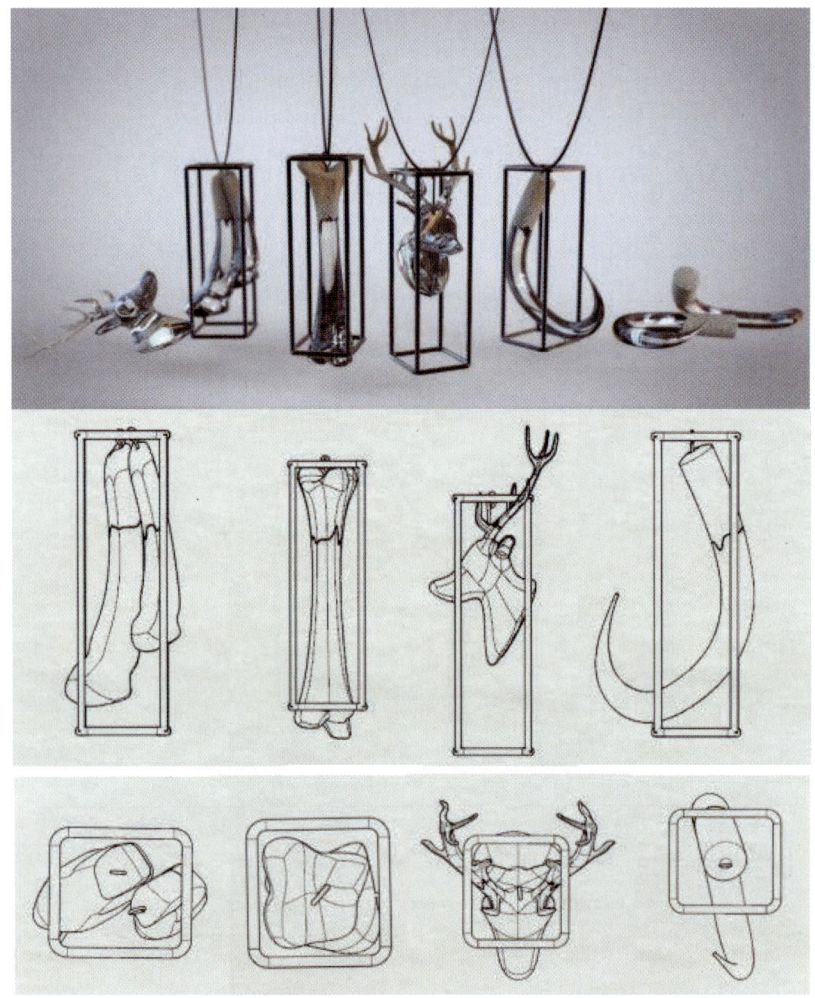

图4-7　上海自然博物馆系列吊坠饰品（杨一岑）

图4-8　用金缮工艺表现关系（刘喆倩）

4.3　身份叙事

每个人都有多重社会身份，这些身份由所处的社会环境和生活方式决定。而身份认同（identity）是西方文化研究中的一个重要概念，是指人与特定社会文化的认同，包括文化认同、国家认同等。从文化角度看，文化机构的权力运作促使个体积极或消极地参与文化实践活动，以实现其身份认同。中国古代有舆服制度，通过服饰辨尊卑、等级，明朝末年出现的舆服乱象，反映了礼法制度的动摇。饰品设计中的身份认同与关系叙事的结构设计不一样，有着佩戴方式的不同和材质选择的差异等突出表现。

饰品佩戴方式的不同，能够体现个体在社会中的地位、身份以及所秉持的文化精神。在中华传统文化中，组玉佩作为一种佩戴方式具有高度的象征意义，通常佩戴于君王、贵族等统治阶级的颈部、肩部、腰部等，不包括脚部、手部的玉质饰品。组玉佩造型复杂，通常由玉璧、玉璜、玉环、玉珠等多个部分组合而成，数量与玉佩的长度直接反映了佩戴者的社会地位和身份尊贵程度，部件越多、玉佩越长，越能彰显佩戴者的权力与尊贵，以及传达其对神灵、祖先以及天命的敬仰和顺从。如，山西博物院的西周晋侯夫人组玉佩，由204件玉器组成，复原长度达158厘米，由玉璜、玉珩、玉管、绿松石珠、玉雁、冲牙等组成，冲牙位于组玉佩的下部，行走时，冲牙与两侧的玉璜相撞发出悦耳的声音，起到正举止、步态的作用。以楚玉为例，玉璧的圆形象征着天圆地方的宇宙观，具有"和合"与"圆满"的文化内涵；而玉佩的形态象征着权力、威严和神圣的血统。对于王室贵族而言，佩戴这些玉器不仅是装饰，也是对其统治权力的彰显。从楚玉纹饰的角度看，星象纹是最具代表性的装饰图案，同时还包括太阳纹、东皇太一纹和云纹等，体现了楚人对天体运行规律的深刻理解，这些纹饰不仅增强了玉器的神秘性和仪式感，同时也强调了玉器所蕴含的生生不息、循环往复的运动美感，反映了楚人对宇宙秩序和自然法则的敬畏与追求。[①]

大都会艺术博物馆（The Metropolitan Museum of Art）举办的一场名为"珠宝与身体"的大展中展出的藏品"衣领"，由海菊蛤贝壳、黑色石头珠及棉花制作而成。另外还展示了公元前15世纪的一套法老夫人的珠宝，除了埃及常见的宽领圈、臂环，还有金手指套、金拖鞋和金脚趾套，黄金戴满全身意在佑护他们往生来世。拜占庭严

---

① 刘昱君.楚玉的设计艺术风格研究[D].乌鲁木齐：新疆艺术学院，2024.

格控制珍珠等宝石的使用，认为珍珠具有神奇的力量。拜占庭帝国修辞学家尤西米奥斯·马拉克斯曾经这样赞颂他们的皇帝："您的威权借由王座、冠冕与珍珠点缀的长袍彰显于世。"当时的语境下，贝壳、黄金、珍珠是昂贵、稀缺的代名词，是财富和身份的象征。

图4-9是课题组为湖北省博物馆设计的纯金串珠手镯，以曾侯乙编钟为主要造型元素，包括编钟纹样与T型敲钟槌，编钟支架上的漆器纹饰、花朵浮雕、小兽等，展现钟鸣鼎食的古代贵族生活。

图4-9 湖北省博物馆纯金串珠手镯设计（陈胤尔）

贾湖骨笛是河南博物院的镇院之宝之一，距今7800—9000年，用鹤类尺骨制成，是迄今为止中国考古发现的年代最早的乐器。它是弥足珍贵的史前文明实物资料，对于此后闻名于世的中国礼乐制度，中国道家、道教乃至整个中华文明都有着不可估量的重要影响，体现了中国"天人合一"的哲学思想及人与自然和谐共存的理念。图4-10是课题组带领学生设计的以贾湖骨笛为创作灵感的点翠黄金饰品，对古老文明进行现代转译，该作品获得当年河南博物院的文创设计奖项。

与黄河文明相呼应的长江文明以荆楚文化为代表，是中华民族文化的重要组成部分。荆楚文化既具备中国整体文化的普同性，又有着自己的特异性，如抚夷属夏的开放精神、一鸣惊人的创新精神、天人合一与人神合一的泛神精神等。楚国在800多年

图 4-10　点翠黄金耳饰、项链（吴菁）

的历史长河中创造了灿烂辉煌的文明成果，如独步天下的青铜铸造工艺、领袖群伦的丝织刺绣工艺、八音齐全的音乐、偃蹇连蜷的舞蹈、巧夺天工的漆器制造工艺、义理精深的哲学、汪洋恣肆的散文、惊才绝艳的辞赋、恢诡谲怪的美术，都是十分宝贵的物质和精神文化遗产。楚人崇拜太阳，认为他们的祖先祝融是火神的化身，所以自古以来，楚人祭祀日与火，认为这样可以得到祖先的祝福，日与火也象征着光明、希望和温暖。这种崇拜表现在漆器中，就形成了漆器一般以黑色为背景色、红色为主导色，普遍运用蓝、绿、金等作为辅助装饰颜色的特点。同时，红黑两色的运用，也是楚人生死观的体现，红色预示燃烧、跃动、温暖、血液、生命的冲动以及楚人骨子里的热情，而黑色则预示着熄灭、死亡。红黑两色大量运用在楚器物上，以至于很多学者称红黑两色是楚文化色彩的象征。

　　从出土的文物我们可以看出，楚人的造物思想奇诡，器物造型怪诞，这主要是源于其巫术祭祀活动，楚人擅长用复合造型来表达对祖先的崇拜，他们认为复合造型能强化神性，更好地得到神灵的庇佑。复合造型通常是两个及两个以上的不同自然形态综合在一起，一般是同质自然形态复合或者异质自然形态复合，表达楚人对苍天的敬畏和向往。典型案例如湖北省博物馆的"鹿角立鹤"，鹤与鹿在中华文化中都是长寿和吉祥的象征，湖北随州出土的"鹿角立鹤"头部以榫卯构连鹤头及鹿角，长颈圆首，尖嘴上翘作钩状，并且鹤身上还有一对翅膀，翅上浮雕幡暾螭纹、圆圈纹，出土时在主棺东侧，可能是沟通人、鬼、神三界的灵媒。

　　首先，课题组以楚文化中"止戈为武"的精神为主题，深入研究形态与内涵、身份地位、角色的诸多问题。"戈"的刃部呈弯曲形状，常常带有锐角，给人以锋利、迅捷的感觉。"戈"的形态不仅仅是为了实用，其独特的结构和锋利的刃口在视觉上也传达出一种强烈的力量感。在古代，"戈"通常与其他兵器，如剑、矛等配合使用，形成互补的作战功能。饰品中的"戈"形态可以通过简化和抽象形成弯曲的线条、利用锋利的角度来体现。其次，在设计中加入凤鸟纹的元素，体现楚文化饰品的浪漫特色。凤鸟纹作为楚文化的艺术符号，展现了楚人独特的审美追求。楚刺绣中的凤纹几乎完全由生动而流畅的曲线构成，这些曲线交织成美丽的图案，既展现出浪漫自由的效果，又保持了严谨的秩序，二者和谐统一，仿佛蕴含着飞舞和自由的生命力[①]。在色彩的表达上，选择以赤色为主，黑色光泽感金属和赤色钻石镶嵌，展现刚柔并济的态度，实践部分借助AIGC辅助生成设计（见图4-11）。

图4-11　楚文化精神之"止戈为武"系列首饰设计（邓玥）

当今，饰品的佩戴方式呈现出极大的多样性与个性化。智能首饰逐渐成为一种新兴的佩戴潮流，例如智能戒指、健康监测项链等，除装饰功能以外，还具备运动监测、通信、支付等多种实用功能，这种多功能、多模态的饰品既能展示佩戴者的时尚品位，又能让佩戴者享受科技带来的便捷，体现了现代社会科技与美学并重的生活理念。现有产品MICA智能首饰，基于英特尔技术，售价略高，但镶嵌了天然珍珠和黑

---

① 吴海广.论楚凤造型艺术特征的文化意蕴[J].华中农业大学学报（社会科学版），2004(02):113-116＋122.

曜石，宽手镯的造型，内置 1.6 英寸 OLED 屏幕，能显示各种通知信息。对于时尚人士来说，轻奢品牌与科技结合的产品既满足了他们对时尚的需求，也达到辅助他们健康生活的目的。如美国品牌 Tory Burch 与 Fitbit 合作的饰品，兼具 Tory Burch 的造型元素、镀金材质，与 Fitbit 的运动监测功能。另外，还有一些现当代首饰的设计与佩戴方式反映了一种对传统文化与社会规范的挑战。这些饰品在设计上常常打破传统的形式，采用反叛、解构甚至破坏性的设计，通常呈现出不对称、异材质拼接、粗犷与精致的强烈对比，体现了对创新、自由与自我表达的追求，如超模 Duckie Thot 在 *Vogue UK* 杂志 2019 年 4 月版的演绎。

后现代主义风格的饰品及其佩戴方式也反映佩戴者的身份地位及反抗权威的态度，标新立异、颠覆、藐视的心理一目了然，属于亚文化的饰品设计，有着夸张的形态，并不含蓄。

中国文化讲究含蓄、内敛，在中国传统文化全面复兴的今天，汉服文化以及基于传统文化基因的饰品正在年轻消费者中风靡，成为时尚潮流，课题组也在探索、研究批判性地继承传统文化这一主题。"凝视"系列饰品表达的是在社会主导价值观念、文化习俗下的女性，一旦行为有所"偏差"便理所当然地被人"凝视"，女性不自觉地以"白幼瘦""淑女"等样貌和行为规范自己，课题组希望用现当代的造型、色彩形成有冲击力的视觉效果，以传统工艺为制作手段表现内心与外表的统一。图 4-12 展示了"凝视"系列成品穿戴效果，整个系列包括一对耳饰、一条项链、一个胸饰，呈现出怪诞幽默之感，绒花和米珠的组合有着超现实的视觉冲击，造型和色彩完全颠覆传统绒花饰品的规范，具有独特的现代美感。"凝视"系列饰品之后，继而诞生了"她之生"系列饰品。伍尔夫曾说，"人不该是插在花瓶里供人观赏的静物，而是蔓延在草原上随风起舞的韵律"，该系列在传统绒花造型的基础上进一步解构，用植物的坚强寓意女性肆意生长的力量，色彩从黑灰过渡到橘粉，表达的叙事是从黑暗到光明。图 4-13 中包括两个胸针、一枚戒指，以写实规整的形式叙述女性的柔韧。传统的制作手段能显而易见地叙述我们的身份、来处，而且内涵表达更含蓄，笔者认为，在饰品设计中对自我身份的认同不仅是对传统的继承，更应该是对传统的改良和应用。

本章通过不同视角阐述了当代饰品的外在叙事，研究当代社会的普遍现象、常规主题对饰品设计的影响，否定饰品设计的单一功能和表达，论述从感知出发的多模态情境叙事的饰品设计，对听觉、视觉、嗅觉、结构触觉进行相关设计，通过不同的媒介形式表现出来，以案例论证饰品的叙事能给予人慰藉，能表达关系和身份认同。将饰品的系列化设计认定为关系叙事，题材从细微的日常生活状态到情感的阐发，到对自然的关注，无不是各种关系的可视化设计，将不同寻常的物品与珠宝结合起来，使

图 4-12　绒花饰品 "凝视"（马芙蓉）

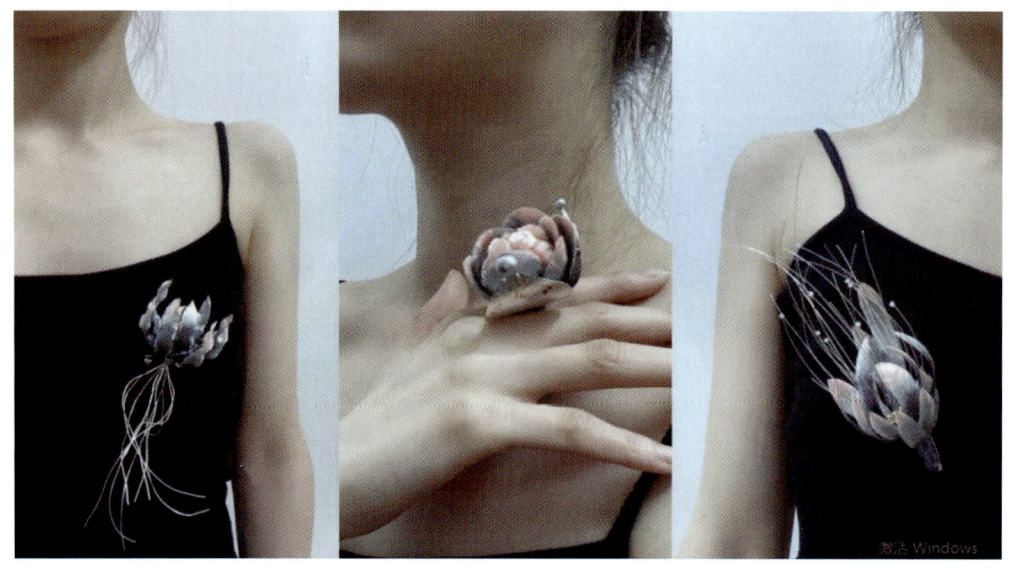

图 4-13　绒花饰品 "她之生"（马芙蓉）

得首饰更像是趣味性的玩具，超出了传统珠宝仅有的装饰功能，通过这种叙事方式展现了创造的乐趣；站在文化的视角探讨了珠宝与穿戴者之间的关系，以及穿戴者在社会中的角色、地位、身份认同，展示了一个五颜六色的珠宝、物品和科技介入的世界，启发常规饰品叙事；基于身份认同的叙事和文化精神的当代转译、传递也是当今中国时尚文化的一部分，从李子柒再次成为文化热点可见这种叙事的受关注程度，在文化和身份的认同上，饰品成为一个绝佳的载体。

第 **5** 章

当代饰品设计的价值取向

Dangdai Shipin Sheji de Jiazhi Quxiang

饰品集文化精神内涵、情感价值和商业价值于一体，能在环境和人之间相互辉映，也能引起创作者、佩戴者和观看者之间的共鸣和交流。当代饰品通过佩戴方式、佩戴部位的变化以及本身的形态设计，传递特定的文化内涵，其价值超越了单纯的装饰功能、实用功能，内涵和意义发生了深刻的变化，具有符号价值，同时也是一种思维、观念外显的载体，成为一种有文化内涵的艺术品和情感的标志物。

随着全球化进程的推进和审美需求的多元化，饰品设计依然延续着古代文明的精神传承，但其表达方式已不再仅限于传统的形式和材料，而是通过创新和多样化的设计手法，使饰品能够更加自由地表达。饰品是一种时尚载体，与乐趣、情趣息息相关，与科技、材料创新也密不可分，本章从个性与创意思维表达、文化融合与文化可持续、疗愈与情感价值、材料与去价值化、品牌与市场五个方面进行阐述。

5.1 个性与创意思维表达

饰品，随着人类文明社会的快速发展、人们观念的不断重塑，设计的价值取向和设计的思维也在自觉不自觉地调整。其中，僭越传统设计观念较为突出，又可分为两个维度的僭越：一是以设计师或消费者的定制化为主体的饰品设计；二是以现当代艺术为跨界现象的思维表达方式上的突破。

5.1.1 定制化服务

定制化首饰的历史映射社会价值演变，最早可追溯到奴隶社会，是奴隶主、贵族的特权象征，以稀有材质彰显阶级权威。文艺复兴时期，欧洲王室将家族徽章融入设计，强化身份叙事，历经巴洛克、洛可可时期，到新艺术运动、装饰艺术运动，首饰定制逐步从符号转向情感表达，从权力标识蜕变为承载个体审美与伦理主张的载体。当代珠宝定制分为 DIY 定制和私人定制两种。前者是消费者参与打造独属自己的珠宝，他们可以自行设计款式，自己选择使用材料、宝石、刻字等，设计师只是辅助完成；私人定制，是没有任何预先的款式，客户只需提出自己的需求、预算，设计师针对性地进行一对一服务。定制化的首饰为珠宝赋予了特殊意义。

当代饰品的定制化服务是对饰品极端个性的实验与探索，是从同质化到异质化的艺术实践，反映着佩戴者的独特生活主张。如现代主义珠宝设计师、非洲裔加勒比人亚瑟·"艺术"·史密斯（Arthur "Art" Smith），曾为参观其工作室的爵士艺术家和现代舞者创作了具有流动的身体意识的颈饰作品，抽象概念的线条体现连续的动态。图5-1是刘喆倩以对生物细胞的解读及传达为灵感创作的颈饰作品。

图5-1 "生物细胞"颈饰（刘喆倩）

课题组以2017年国家社科基金艺术学项目"博物馆文创产品设计"的子项目为依托，以甲骨文衍生设计为主题，定制了模块化文字首饰，可作为胸针、耳饰、项链佩戴。图5-2、图5-3中的"一人 一作"首饰设计将甲骨文中的"人"字造型简化成两条弧线，具备当代工业化特征，曲直之间碰撞出简洁利落的美感，采用18K黄金与珍珠将几何线条的生硬感冲淡。细小的硬金以榫卯结构穿插、组合，形成胸针，将胸针对半分开，可形成一对不对称的耳坠，背面是扣环设计，可穿链子成为项链吊坠，探索了多形态的文字组合首饰。

 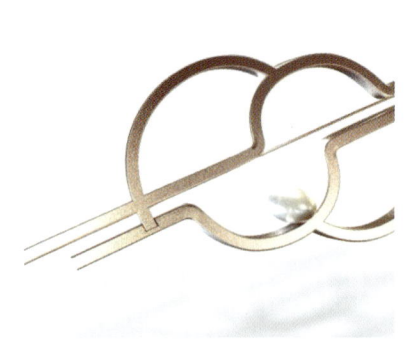 

图5-2 "一人 一作"胸针（王佩）

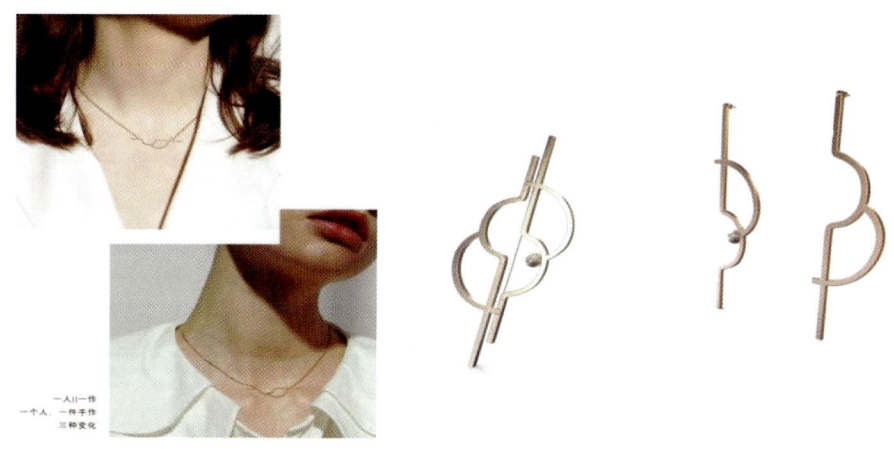

图5-3　"一人一作"胸针的多形态组合（王佩）

1997年，费城一家画廊邀请多位艺术家为时任美国国务卿马德琳·奥尔布赖特创作一枚胸针，吉斯·巴克为此设计了一枚"自由胸针"，该胸针中自由女神的眼睛是两个钟盘，一个朝上，可以让奥尔布赖特看时间，另一个颠倒过来，方便其他人看时间，奥尔布赖特非常喜欢，选择佩戴它出现在她的书封面上。维莉·卡明斯基（Vered Kaminski）是当今国际最有影响力的首饰设计师之一，其首饰作品颇具野兽派绘画风格，曾被当做礼物赠送给多国政要，在此，艺术设计的个性化思维和创意具有了外交和文化传播的使命与价值。

随着科技的不断进步，定制化的手段得到极大的拓展，才华横溢的时装设计师阿努克·维普雷希特（Anouk Wipprecht）设计的3D打印连衣裙实现了穿戴者保护个人空间的愿望：如果有陌生人主动接近穿戴者，电子仿生的机械臂将进入攻击模式，该装饰设计完成了饰品从装饰领域到实用领域的迁移。

5.1.2　现当代艺术思潮下的饰品

伦敦的画廊主路易莎·吉尼斯（Louisa Guinness）曾出版过一本名为《当珠宝作为艺术——从考尔德到卡普尔》[①]（*Art as Jewellery: From Calder to Kapoor*）的书，涵盖了多位艺术家创作的珠宝作品，作为中介，她是通过艺术家进行珠宝交易的。吉尼斯说："我认为那些不熟悉艺术设计的人需要花些时间去欣赏艺术家的珠宝艺术，因为，在艺术家的创作中，他们颠覆传统，具有个性与内涵，并且，艺术家的珠宝作

---

① http://www.333cn.com/shejizixun/202039/43497_173828.html.

为他们的艺术品延伸是很重要的，同时这也使传统的珠宝设计师对自身设计进行反思，到底什么是设计？""艺术家对珠宝作品的美感并不感冒，相反，观念与信息的传递更为重要。"

饰品设计相对其他类别的设计需要更多地打破常规思维，设计师常常从纯艺术创作中获取灵感，尤其是从当代艺术创作中的观念介入，甚至很多艺术家直接跨界到设计界进行饰品设计，奢侈品联名艺术家设计已经是司空见惯的现象。从视觉看，现当代艺术打破高雅艺术的边界，使得日常生活艺术化，这种视觉上的僭越也是对艺术的祛魅，并常常能获得良好的品牌推广效果。如观念艺术、极简艺术、贫穷艺术等。

2022 年 11 月 17 日，世界著名珠宝品牌蒂芙尼（Tiffany & Co.）宣布与纽约当代艺术家丹尼尔·阿尔轩（Daniel Arsham）再度携手，呈献贫穷艺术风格十足的 Tiffany & Co. × Arsham Studio 联名雕塑作品与限量版 Tiffany Lock 系列手镯。联名雕塑作品《被侵蚀的蒂芙尼青铜挂锁》打破奢侈品珠光宝气的印象，以污浊、肮脏、做旧的样态出现，仿佛穿越了劳动、凝固了时间，颠覆时尚珠宝美学语境。作为蒂芙尼经典设计元素之一，挂锁在其品牌历史中有着重要意义。早在 19 世纪末，蒂芙尼便已为顾客提供功能性挂锁产品。时至今日，蒂芙尼仍旧继续以挂锁为灵感设计前卫珠宝，全新 Tiffany Lock 系列手镯以 18K 白金铺镶钻石、镶嵌绿色沙弗莱石手工打造，闪耀的翠绿色宝石与同时展出的被侵蚀的挂锁形成巨大反差，僭越式的设计语言令人过目不忘。蒂芙尼产品与传播执行副总裁亚历山大·阿尔诺（Alexandre Arnault）表示："我们与阿尔轩的合作始于去年推出的限量版 Tiffany Knot × Arsham Studio 联名雕塑礼盒。在全新 Tiffany Lock 系列上市之际，我们很高兴能与阿尔轩再度开启创作之旅，将蒂芙尼的经典挂锁变成一件当代艺术作品。"

图 5-4 展示了课题组对当代艺术介入时尚设计的思考，将传统的青金石设计成人体组织的形态，表达延续传统的坚定，用形态传递观念；用流线和参数化设计戒指，形成非具象的花卉和藤蔓、镂空的假山石等中国传统元素，用设计手法、视觉呈现传递中国审美趣味的当代性和多元化。

好的设计都有其观念和存在的意义，匈牙利珠宝艺术家 Réka Lőrincz 创作的戒指、胸针（GIVE ME FIVE）和项链（HOW DEEP IS YOUR LOVE HONEY?），以象征性的色彩颠覆钻石戒指作为无名指婚戒的意义，也打破胸针、项链优美的设计传统和形式，惊世骇俗的手指胸针以一种幽默且戏谑的态度灵魂考问般地质疑穿戴者与饰品之间的关系，以及他们在社会中的角色，具有批判性设计的精神。土耳其时尚设计师布尔库·比丘纳尔设计的"可怕的美丽"系列饰品，以整形手术为灵感，用一种不太可能出现的方式扭曲脸部，嘲讽当今社会常见的医疗美容整形手术，质疑传统的美容

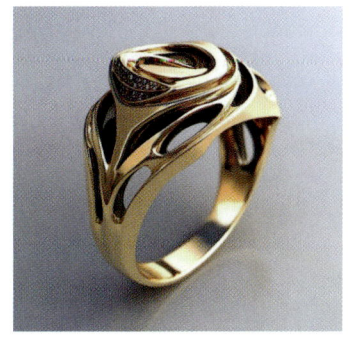

图 5-4　现当代艺术思潮下的饰品设计（刘喆倩）

观念。[①]

西方艺术经过长期的实践，已形成一套完整的创作观念、市场机制、收藏流程和评价标准体系，以"先锋性、实验性"为核心的当代艺术正是在这种体系下自然衍生的。[②]现代艺术打破常规的思维方式一直延续到当代艺术，如波普艺术，有着流行文化的典型社会属性，具备良好的商业价值，自 20 世纪 50 年代诞生以来，风靡半个多世纪仍然热度不减，从高端奢侈品品牌珠宝的系列设计到艺术家工作室的非量产、个性化饰品，直至非主流亚文化饰品，都可见其艺术风格影响的衍生品，如宝格丽品牌的 Wild pop 高级珠宝系列就使用了波普艺术的色彩和造型。法国艺术家妮基·桑法勒（Niki de Saint Phalle）的波普饰品设计，有着女性设计师特有的敏感和细腻，却又不乏狂放。美国珠宝设计师珍妮弗·麦钱特（Jennifer Merchant）也有许多波普风格的饰品。意大利小众品牌 BEA BONGIASCA 有荧光色和糖果色的彩色珐琅饰品。另外，国内淘宝、国外亚马逊网站上均有较多波普风格饰品出售。当代艺术家的介入常打破珠宝设计的固有范式，波普风格饰品以双面图像为特色，极具辨识度。可以看到，相对现代主义打破一切的风格，波普艺术更强调新奇、趣味，追求纯粹的视觉感受：夸张的造型、明艳的撞色、抽象的几何形态与看似无规律的组合形式、现成品的信手拈来，符合当代大众求异心理的需求：将熟悉的事物陌生化。

图 5-5、图 5-6 是刘喆倩设计的波普风格饰品，其中，既有对波普艺术大师利希滕斯坦等人的致敬，又有对现成品的应用，如拼图块、积木、香水瓶等。回顾时尚艺术史，许多风靡一时的时尚饰品都是与当时的艺术风潮、设计观念息息相关的。佩戴者通过佩戴饰品向外传达深层文化信息，以及文化的归属和认同。

---

①　胡世法.欧美当代艺术首饰创作理念研究[D].上海：上海大学，2021：111.

②　时胜勋.从"西方化"到"再中国化"——中国当代艺术的文化身份[J].贵州社会科学，2008（10）：15-24.

图 5-5 "向大师致敬"波普风格饰品设计（刘喆倩）

图 5-6 "现成品"波普风格饰品设计（刘喆倩）

5.2　文化融合与文化可持续

　　饰品文化包罗万象，不仅与社会经济紧密相连，同时也深受文化变迁的影响，东、西方首饰设计都面临着文化融合和文化可持续发展问题，在中国优秀传统文化全面复兴的今天，各年龄层基本有共识：以穿戴具有中国传统风格的服装和饰品为时尚，这是文化普及的成果、文化自信的体现。在设计价值取向的维度，不仅在形态设计上沿袭、演变传统制式，而且在穿戴方式、组合搭配上也积极探索新路径。我们认为，只有仍在使用的传统文化才是"活"的中华文化，比起放在博物馆陈列的经典，生活中的传统文化才是文化延续的基本和价值所在。

　　饰品不是必需品，通常和时尚、奢侈品相关联，因而常被贬斥为"无理性""庸俗"以及"浪费"的生活方式。"时尚的关键就在于表象，就在于时间的流逝。"[①]《穿出来的思想家》的作者曾就9•11事件发生的两年后，星条旗T恤挂在美国人的衣柜里再也不穿，红白蓝的别针也在珠宝盒里尘封着，带有美国国旗图案的时尚在美国一去不复返的现象做了评价，并说"时尚料知会如此"，表达了时尚风潮和饰品不可持续的本质，表面看是对时尚业的讽刺，实际上则是对人性本身的思考。由此可见，"可持续设计"概念的引入极为重要。

　　在绿色产品设计研究和研发中，人们将更多的关注给予了产品生命周期中的制造端和末端，如轻量化设计、生态材料选择与评价、模块化设计、可拆卸设计以及可回收设计等。在本书中，设计的价值还需要往前探索：在设计之初的文化选择与转译才是饰品可持续的根本。我们认为，饰品设计的文化融合与文化可持续，通常需要考虑从传统文化精神的当代转译、传统工艺的坚守和创新来构建当代饰品的文化价值。

5.2.1　传统文化精神的当代转译

　　在人类生命的演进过程中，饰品的存在给人类的生存提供了极大的精神力量，如原始宗教中的神职人员：满族的萨满、彝族的毕摩、景颇族的董萨、纳西族的东巴等，既是本民族文化的传承者、传播者，也承担巫医的职责，身上常常挂满据说能沟通三界的饰品。此类可持续饰品设计，有材料的可持续，但更多聚焦于观念、精神层面，以装饰性物件出发，向着情感与信仰不断延伸。通过视觉的冲击达成设计理念与

---

　　① 琳达•格兰特.穿出来的思想家[M].张虹，译.重庆：重庆大学出版社，2014：265.

观者的共鸣，更具有文化的象征意义。作为文化的载体，首饰蕴含着人类的思想、行为、感知等，并随着社会的发展不停演变。

以黄梅挑花为例，现有研究集中在对其纹样、相关特点与表现形式的解读，对其各类纹样文化内涵、构成形式的分析总结，对其在婚嫁习俗中的应用表达等，基本从题材、构图、色彩等角度进行美学分析。先归纳总结其艺术特征，再将其引入具体实践。有借助眼动实验得出最具代表性的实验纹样，结合关键词进行文创设计的；有通过分析黄梅挑花的艺术特征表达，进而提出将其应用于各类设计中的。较多的转译是通过形状文法，对纹样等进行提取与转化，并通过直接运用和间接运用的方式将其与现代设计进行结合。

课题组将黄梅挑花从色彩、造型、构图、题材寓意、材质替换几个方面进行分类研究，设计了一系列符合当代年轻人审美的饰品。表5-1是素挑与彩挑部分作品色彩的分析。用 Image Color Summarizer 进行色彩占比分析与处理，提取图像中的主色调颜色及其分布情况并生成总结报告，帮助用户了解图像的色彩特征。在此过程中，图像会经过缩放和去噪等处理，保证数据的有效性和处理速度。为了减少计算量，工具通常会对颜色进行量化，即将相似的颜色合并为一种代表色，这一步通过聚类算法（如 K-means 聚类）来实现，常见的颜色聚类算法包括 K-means 和 DBSCAN 等。通过聚类，工具能够识别出图像中的主色调以及各色调的占比。当图像的颜色被提取并分析后，则需要重点关注色彩分布情况，即每个颜色的出现频率或占比（见表5-2）。

表5-1　素挑与彩挑部分作品色彩分析

类别	素挑	彩挑	
黄梅挑花作品示例			
底色	藏青色	藏青色	藏青色
骨架	白色	白色	白色
主色	无	红色（暖）	玫红色（暖）
辅色	无	无	绿蓝黄（冷暖）

续表

类别	素挑	彩挑	
分类	黑白色	黑白色＋相近色	黑白色＋对比色
特点	视觉效果强烈、主次分明、画面和谐		

表 5-2　素挑与彩挑部分作品色彩占比

	全图案（素挑、彩挑单色与多色）　团花（素挑、彩挑单色与多色）
a 部分 作品	
b 图像 聚类	
c 色彩 占比	
d 比例总结	60％底色　60％底色　50％底色　50％底色　55％底色　50％底色 40％骨色　30％骨色　25％骨色　50％骨色　25％骨色　25％骨色 0％主色　10％主色　15％主色　0％主色　20％主色　15％主色 0％辅色　0％辅色　10％辅色　0％辅色　0％辅色　10％辅色

色彩占比数据：

- cluster / pixels：61.41% / 38.59%
- cluster / pixels：65.28% / 26.19% / 8.53%
- cluster / pixels：53.83% / 23.81% / 13.62% / 8.74%
- cluster / pixels：52.08% / 47.92%
- cluster / pixels：55.50% / 26.15% / 18.35%
- cluster / pixels：54.20% / 22.54% / 13.31% / 9.95%

黄梅挑花造型主要有人物、动物、植物和文字、器物，风格抽象与简洁。表5-3列出了动物、植物、人物题材图案的抽象与简化，呈现一种"神似而形不似"的美感。文字或符号类题材的直接引用，使得画面传达的内容更直观易懂（见表5-4）。

表5-3 动物、植物、人物题材图案的抽象与简化

a动物题材（部分）	b植物题材（部分）	c人物题材（部分）
凤鸟	莲花	八仙
老虎	牡丹	七仙女
鱼	梅花	穆桂英

表5-4 文字等题材图案造型的直接引用

文字题材（部分）

汉字

　　黄梅挑花由团花、边花、角花和填花四种纹样构成，基本构图见图5-7。团花位于画面正中心，是整个挑花图案的核心；边花分布在团花四周；角花点缀在画面的四个角落；填花则用于填补空白，丰富画面。饱满整齐是黄梅挑花给人的另一种常见的印象。这里的饱满并非指整幅画面的密集感，而是每个单独图案、每朵团花的细节处理。

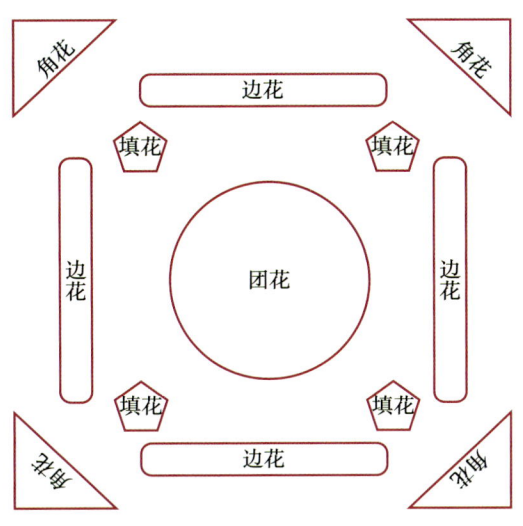

图 5-7　基本构图

　　"图必有意，意必吉祥"，黄梅挑花是劳动人民在长期生产、生活中凝练的叙事性和祈福类的民间艺术，承载了人们美好的愿望和精神追求，传递着对幸福生活的向往与追求。如图5-8所示，"打骨牌方巾"是叙事类纹样，方巾中心是一朵大莲花，莲花中有各种各样的骨牌，四周分别有平面坐姿的打骨牌人物，形态生动有趣，描述了黄梅人民的日常生活；"二虎爬球双狮抢宝方巾"是祈福类的图形，画面中心为八角莲花，围绕八角莲花挑制的分别是二虎爬球和双狮抢宝图案，传达孩子是家里掌上明珠的寓意，寄托了对孩子虎虎生威、健康长大的希望。

　　针对当代年轻人面临生活、学业压力的现状，课题组采用民间艺术中吉祥谐音梗的形式进行饰品的民族文化当代转译，如将自然界中的植物纹样初步变形，利用形状文法丰富画面，如表5-5中的向日葵、莲花、青松、竹子、梅花、桂花的图形变化。随后，用表5-1的色彩研究结果进行上色，形成如表5-6的系列胸针设计。图5-9展示了黄梅挑花的胸花佩戴效果。

图 5-8　"打骨牌方巾"和"二虎爬球双狮抢宝方巾"

表 5-5　构图形式的变换

	a 初步变换	b 丰富画面	c 细节优化
向日葵			
莲花			
青松			
竹子			

续表

	a初步变换	b丰富画面	c细节优化
梅花			
桂花			

表5-6 基于黄梅挑花的胸花设计（材质替换设计）效果

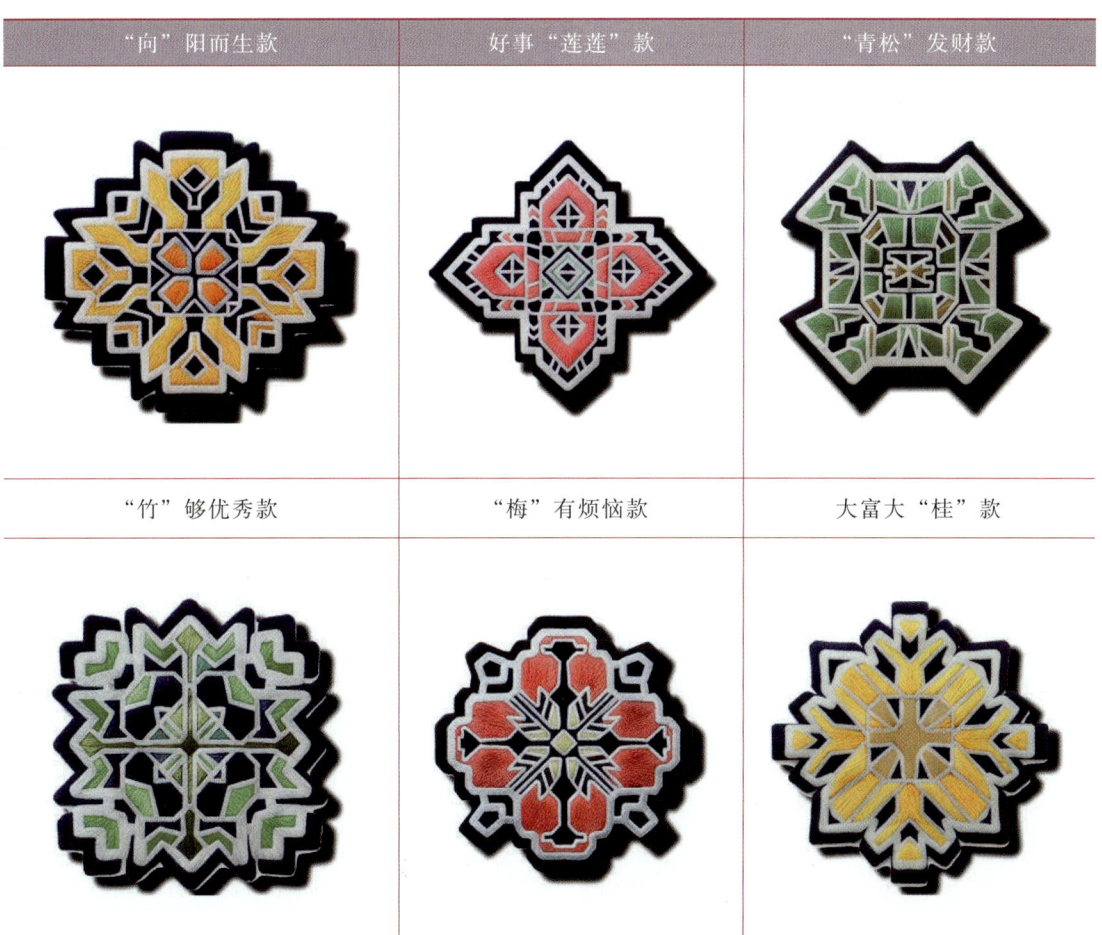

"向"阳而生款	好事"莲莲"款	"青松"发财款
"竹"够优秀款	"梅"有烦恼款	大富大"桂"款

图5-9 黄梅挑花的胸花佩戴效果（井煜斌）

　　黄梅挑花讲究勤以持家、俭以养德，用针挑制的五彩丝线形成的色彩艳丽、装饰性强的纹样，不仅可以作为补丁使用，而且可以加固新的服装或饰品。课题组提取这种民间装饰艺术的风格特征，采用同样的转译方法，以像素化的手法整理收集、提取黄梅挑花纹样中有关人物图形的运动造型，结合现当代的运动方式重新演绎该装饰图形，保留像素化的挑花风格，用"拼豆"材料制作的系列装饰胸针、戒指等饰品如图5-10所示，设计保留传统纹样传达的乐观精神与勤俭的价值观，旨在希望用户拥有健康的身体和生活习惯，提示用户运动的同时也传播了民族文化。

图5-10 基于湖北黄梅挑花文化的饰品设计（江楠）

续图 5-10

　　当代首饰艺术与当代文化、精神紧密相连。传统文化精神是一个民族的个性，在饰品设计中对这种转译需要秉承传统为现代所用的原则。图 5-11 展示了由京剧元素转译的耳饰设计效果图，饰品保留了民族文化的精髓，用现代造型语言和材料进行当代可穿戴设计，通过日常穿戴将民族艺术永续。图 5-12 是课题组关于麋鹿文化研究的"禄荣"饰品设计草图。在古代，麋鹿不仅是皇室的狩猎对象，也是宗教仪式的重要祭物，更是生命力的象征与升官的吉兆。在造型设计上，课题组参考战国楚地文化，将鹿角指代麋鹿重新解构组合，并用"现代""金属质感""麋鹿角"（modernization，metallic texture，elk deer horn）等关键词利用 AI 生成效果图（见图 5-13），在此基础上重新演绎，将鹿角多次拆分，重组出胸针、项链等饰品（见图 5-14）。图 5-15 是课题组根据湖北省博物馆镇馆之宝之一的"越王勾践剑"藏品衍生设计的手镯（臂钏），材料遵循青铜氧化后的现状，将纹样进行直译应用，使手镯多了几分英武之气。

图 5-11 由京剧元素转译的耳饰设计效果图（刘丽影）

图 5-12 "禄荣"饰品设计草图

图 5-13 AI生成"禄荣"饰品效果图

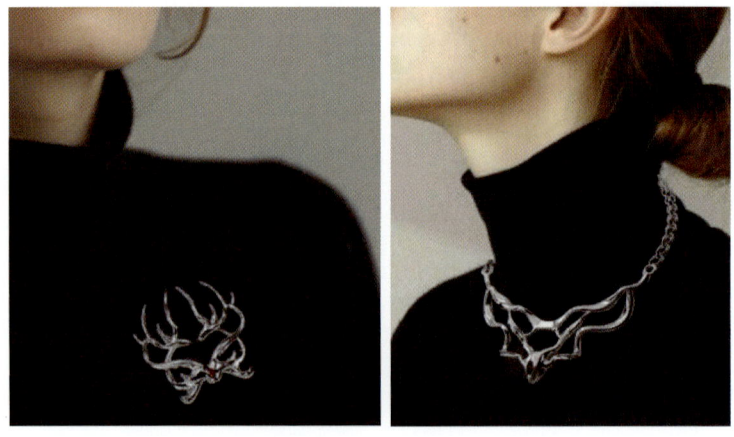

图 5-14 "禄荣"饰品演绎重组（卢傲楠）

图 5-15　越王勾践剑衍生设计（刘君怡）

荆楚地区自古以来就盛产漆器，彩绘是指在黑漆地上用红、褐漆描绘几何纹、卷云纹、凤鸟纹等图案。云梦睡虎地秦墓出土了一百八十六件漆器，均为木胎，制作髹饰工艺基本上承袭了楚国的技术和方法。秦漆器的图像主要有盘缠相交状和盘旋环绕状两种。秦漆器艺术以朴实的情感，优雅舒展的表现手法以及浪漫、温情的想象，关注着人最真实的情爱生活。这种气质一直延续到汉代民歌、汉代漆器和画像石中，它们构成了最古朴、最纯正的中华民族艺术。

图 5-16 是课题组设计的基于多种文化融合的漆器纹样衍生饰品。在饰品设计初期，课题组提取了湖北省博物馆藏的秦漆盒上的两种鱼的纹样，用解构的手法将纹样拆解、穿插，并将新西兰毛利人的 8 字穿插层叠结构的鱼钩饰品设计结合进来，留下尖头是为了表达一种充满野性、自在、天然的风格和不羁的精神状态。

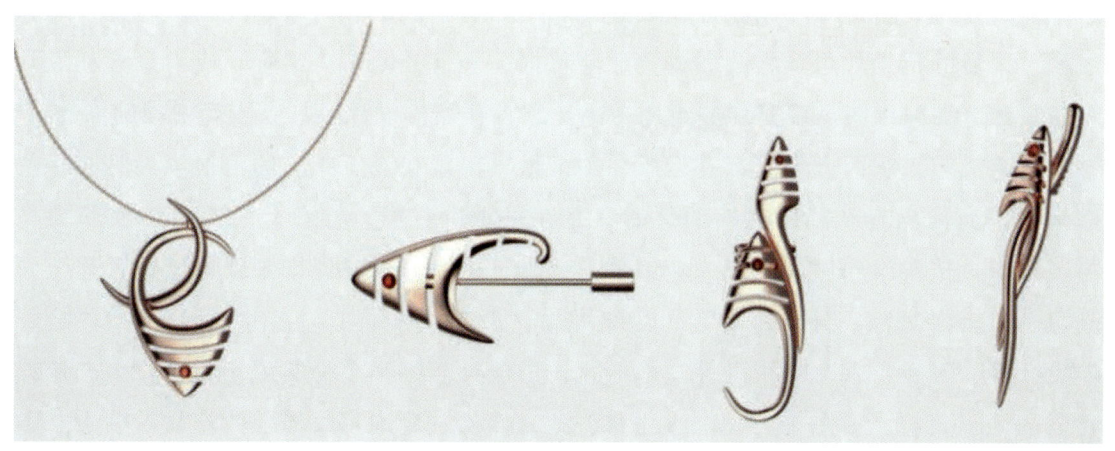

图 5-16　湖北省博物馆藏品的时尚转译（胡梦芸）

续图 5-16

5.2.2　传统工艺的坚守与创新

中外饰品设计师都有着对传统工艺的执着精神。意大利珠宝设计师迭戈·佩尔科西·帕皮（Diego Percossi Papi）坚持以传统手工艺制作珍贵宝石首饰，被誉为"哲学艺术家"，其创作灵感来源于意大利悠久的历史文化，带有浓郁的拜占庭和巴洛克艺术美学风格，其珠宝品牌 Percossi Papi 不仅在商业上取得成功，而且是许多欧洲大片、宫廷剧的御用品牌，更是米兰、纽约、伦敦时装周的常客。

意大利的文艺复兴不仅带来了人体美的观念复兴，而且意识到首饰对人体美的烘托作用，审美观的转变使珠宝设计、制作也由厚重奢华转变为优雅自然，"织纹雕金"工艺首饰应运而生。织纹雕金工艺分为蜂巢造型工艺、金属微雕工艺、金丝螺旋工艺、金属拉丝工艺、丝绒切割工艺。布契拉提（BUCCELLATI）品牌把蜂巢造型工艺作为其独特风格的核心，在金属表面雕刻出如蕾丝般细腻的纹理或绸缎质感，形成细腻、华贵的视觉效果，将欧洲古代珠宝首饰与现代人的审美结合，成为意大利殿堂级高级珠宝品牌。图 5-17 是课题组用中国传统吉祥纹样设计的具有当代精神的饰品。

贝雕工艺，东西方饰品都有运用，中国最早出现在五万年前的山顶洞人时期，严格来说，商代到春秋战国时期的贝雕只是在贝类中打磨、穿孔，装饰身体或作为马饰、车饰，从秦汉到唐代发展为金银平脱贝雕，宋元时期，螺钿镶嵌和贝贴工艺十分流行。东南沿海渔民开发出透雕、浮雕贝饰，后来，贝雕工艺在继承传统的基础上，吸收牙雕、玉雕、木雕和国画等艺术形式，形成贝雕画和多种实用工艺品，生产地为我国的辽宁大连、山东青岛、广西北海、湖北仙桃。我国贝雕极少做首饰，多为家居装饰。

图5-17　传统吉祥纹样的金饰设计（刘喆倩）

　　意大利贝雕称为cameo，是西方传统的浮雕艺术，风靡维多利亚时代，以仕女侧像为主，当时的女性十分喜爱佩戴肖似自己的cameo，也有植物、动物、花草题材的cameo，均作为珠宝首饰佩戴在身。2024年11月，光明网报道的意大利璐索贝雕在上海第七届进博会上展出，作为拥有百年历史的贝雕艺术珠宝品牌，他们连续6年参展进博会，在中国起到良好的文化传播作用。展会上，品牌方还请工艺雕刻大师现场展示贝雕技艺，多模态地与参观者交流，使参观者获得良好的具身体验。

　　中国传统文化中的造物和创新遵循"制器尚象"的原则和理念，绒花作为鲜花簪花的替代饰品，创作思路来源于对自然的模拟，流传多年，在唐代被列为皇室贡品，宋代被广泛用于各种礼节和庆典，有"往来皆簪绢花"之说。明清时期，民间更为发达，清赵翼在《陔余丛考》中提到："今俗惟妇女簪花，古人则无有不簪花者"。绒花主要在春节、端午节、中秋节及婚嫁喜事时佩戴。新中国成立后，绒花产业的命运几经起伏，各地的绒花工厂解体，老艺人相继离世。社会生活环境与大众审美的变迁，导致绒花工艺面临技艺失传、后继无人的困境。直至2006年，绒花制作技艺被列入江苏省省级非物质文化遗产名录，曾是绒花厂下岗工人的赵树宪被认定为传承人。2008年，在政府的支持下，赵树宪在南京民俗博物馆即甘熙故居设立绒花坊。现在，绒花除了用来梳妆打扮、装饰居室环境之外，还被应用于商业橱窗设计、服装设计、展示设计等领域（见表5-7）。

表5-7 绒花的历史发展

时间	图片	形态	内涵
明清时期		吉祥的造型符号，色彩多样化，以大红色为主	通过造型和谐音表达美好的寓意
民国时期		以花卉、吉祥图案为主要装饰风格，五颜六色、艳丽夺目	表达好彩头和装饰作用
新中国成立初期		绒鸟、绒鸡等仿动物形态	销往海外，为海外复活节制作

续表

时间	图片	形态	内涵
现状		龙舟、龙凤烛等多种不同造型的绒花形态	更多是为了保护和继承非遗绒花的艺术作品设计，提高绒花的知名度

近现代绒花造型因文化的变迁而形成了与传统绒花不同的技艺和风格。民间绒花大多以吉祥的造型符号出现，形象性与夸张性兼具，在造型图案上更多的是注重寓意的表达，如利用松树、仙鹤构成"松鹤延年"，代表高洁长寿之意；或采取发音相近的事物构成吉利的符号，利用鲤鱼、柿子、如意等造型表达"年年有余""万事如意"等。常见的造型图案还有莲花、菊花、蝙蝠等。现代绒花的造型不仅继承了传统绒花的造型方法，还将大自然中千姿百态的花通过绒花的方式表现出来，丰富了绒花的表现形式，在造型结构上也追求简洁，多以单朵结构示人。

绒花的色彩随着社会的发展也发生着改变：唐朝盛世，绒花色彩大多富贵绚烂；宋朝文人雅士居多，绒花的色彩偏雅致清新；明清时期，色彩变得多样化。纵观绒花在古代的制作发展历程，多选用符合中国传统审美的大红色为主，辅以粉红、翠绿、明黄等明度高的颜色进行点缀，色泽亮丽。

现代绒花清新雅致，不再选用大面积的纯色作为主色调，而是开始运用灰色调以及渐变色，使绒花颜色过渡更加自然柔和，同时考虑到人的心理反应，对空间、距离、情感等方面设色，绒花的色彩表现有了新的突破。

绒花的制作工艺发展至今变化不大，图 5-18 展示了绒花的主要制作工具。材料处理和工艺流程也遵循古法。图 5-19、图 5-20 是图 4-12、图 4-13 中系列饰品的制作流程图，由于绒花是以天然蚕丝为原材料的手工饰品，只能依赖手工制作，很难使用机器代替，绒花市场面临着诸多问题。然而，非遗绒花是中国传统手工艺制品的代表之一，具有较高的文化艺术价值和收藏价值，深得当今年轻人的喜爱，更多的青年设计师或学生将绒花应用到设计中。课题组成员在设计"凝视"和"她之生"系列饰品之初，即决定在沿袭传统造型和工艺制作的同时改良工艺，作品的制作流程包括绑绒、梳绒、拴绒、滚绒、打尖、定型、传花、串连等，依据设计，将绒花熨平，剪成需要的形状，保留部分体积感。

图 5-18　绒花的主要制作工具

图 5-19　"凝视"系列饰品的制作流程图（马芙蓉）

图 5-20　"她之生"系列饰品的制作流程图（马芙蓉）

　　图 5-21 是将相关机械开合装置融入绒花的结构中，使得绒花不仅能静态展示，还可以随着需要安全地开合。图 5-22 是武汉科技大学本科生设计的从"荣华"到"荣光"绒花学士帽，借用"花语"表达情感，莲花出淤泥而不染，品质高洁，加上可以扇动翅膀的蝴蝶造型，祝福毕业生今后的人生"走花路"，瓜瓞绵绵；竹子和仙鹤，寓意披荆斩棘、鹏程万里，同时，表达"未出土时先有节，及凌云处尚虚心"的心语。

　　图 5-23 是笔者在讲授"饰品设计"课程时学生的设计作品"蝶"。课程从题材选择到工艺缠花的学习，到时尚饰品设计，始终秉持民族语汇的时尚转译、变迁，通过课程作业可知，我们的民族文化转译的方法是可行的：将传统形态和技法适当调整，是可以设计出符合当代审美的作品的。

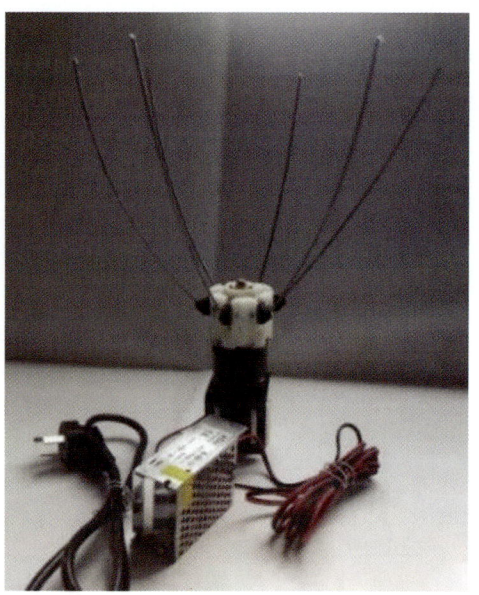

图 5-21 绒花再设计的结构创新

图 5-22 从"荣华"到"荣光"绒花学士帽设计(曾洁)

图 5-24 为课题组设计的点翠工艺面具饰品,把汉代飞云绣纹植入面具的纹样设计中进行多层级化处理,将传统点翠工艺优化,完成后的饰品由多个部分组合拼接而成,单独取下来可做耳饰和发饰。

图 5-23　"蝶"缠花工艺胸针、耳饰、发簪（罗静懿）

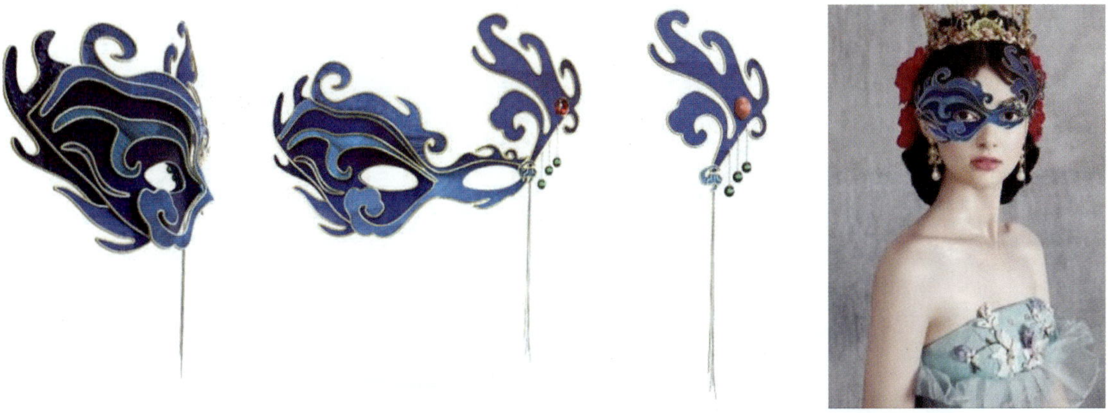

图 5-24　点翠工艺面具饰品（常丽君）

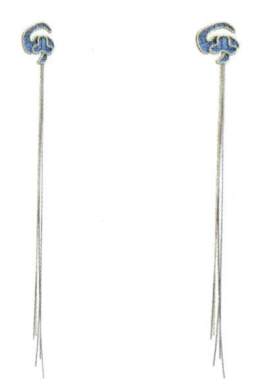

续图 5-24

　　传统文化的时尚化转译还可以将材料、题材、组合形式轻量化，如将传统材料黄金、翡翠与沉香等的小料、有瑕疵和缺陷的料子进行组合设计，设计中，不苛求形态完美，材料随形，符合当代心理需求和审美形态。图 5-25 是笔者利用传统金缮工艺和传统青花瓷碎片设计的系列胸针。

图 5-25　青花瓷金缮工艺的随形胸针设计（刘喆倩）

饰品设计在工艺上的执着钻研是对传统的尊重，改良、创新是为当代生活服务，这样多元的价值理念是文化可持续发展的重要基石。

5.3　疗愈功能与情感价值

在当代饰品设计中有很多从健康与生命作为主题的设计，如荷兰阿姆斯特丹的珠宝设计师伊娃·范·肯彭（Eva Van Kempen），在她自身经历疾病后，她冷静地将冰冷的医疗器具、医药物品等废弃物作为饰品的主要材料，以直观的视觉形态表达人文关怀，其设计方法背后的意义超越了艺术表现形式，她曾用斜切的医疗导管、银、淡水珍珠制作项圈/链，还用铜宫内节育器、淡水珍珠、手工切割珍珠母贝玫瑰、日光石、14K 黄金和红金等制作饰品。菲丽珂·凡·德·李斯特（Felieke Van Der Leest）擅长用童话或某段箴言或生活常识进行调侃，表现出情感化设计的倾向。图 5-26 是课题组用金属感丝线编织而成的饰带，端头用医疗产品表现恐惧、尴尬、沮丧，同时又有些许的优雅，较具黑色幽默，安抚自己的同时也感染他人。由此可知，关注生命和健康的饰品设计突出精神疗愈与情感价值的凸显，将强烈的情绪用饰品的形态、色彩，以及人与饰品的行为互动（行为方式）达成，在形态上，突破常规尺度、突破常规佩戴部位，如课题组设计的表现对手术焦虑的概念饰品（见图 5-27），其概念较为沉重，色彩设计相对浓烈和靓丽，表达对前景光明的期待和乐观态度，独具个性，颇具象征色彩。图 5-28 是课题组成员刘喆倩设计的戒指，用定制者的姓名首字母和纪念日期作线索，大尺度、多孔洞的不确定性设计，让戒指具有多种穿戴的可能，不仅可作为身体装饰，而且也可作为一个把玩件，佩戴者通过与饰品的互动达成情绪的纾解。

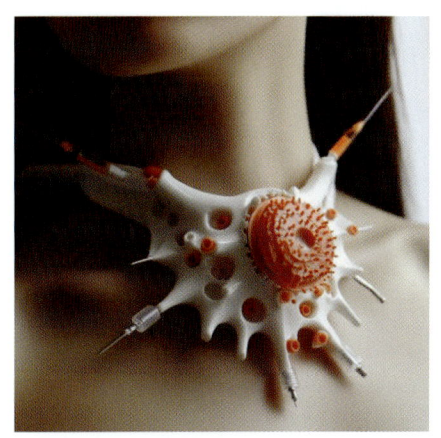

图 5-26　抗焦虑概念饰品设计（刘喆倩）　　**图 5-27　表现对手术焦虑的概念饰品（刘喆倩）**

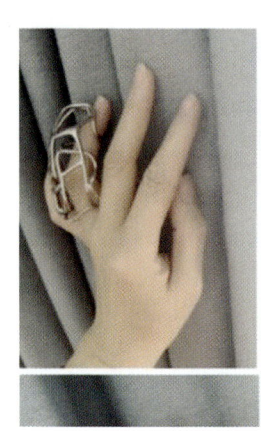
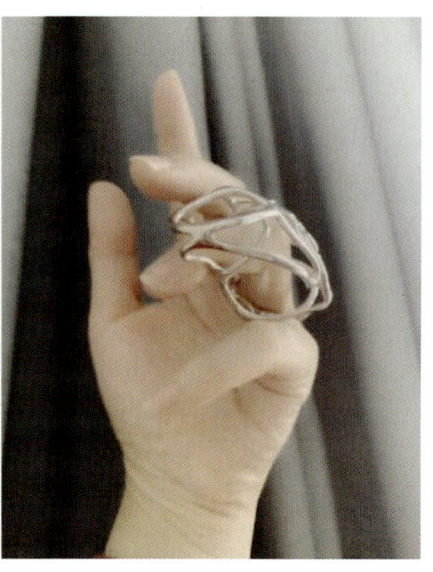

图 5-28　定制戒指设计（刘喆倩）

2021年，卡塔琳娜·拉多维奇（Katarina Radovic）推出的品牌"服装疗愈"（Costume Therapy），展现了在后世界末日环境中对生命复苏的想象：模特手部佩戴犹如蜈蚣关节般的金属甲胄，拉长得如同脊椎骨的吊坠装饰，惊悚地展现暗黑的、末世的绝望。黑色饰品通常代表着神秘和高贵，在许多文化中，黑色也被视为力量，能帮助佩戴者传递自信、冷静的信息，同时，在另一些文化和传统中，黑色也代表哀悼和纪念，黑色饰品也能传达阴暗、恐怖、神秘、诡异等另类风格与气息，起警示的作用。黑色饰品在人面对负面情绪时，可以通过形态、色彩等视觉要素的传达，刻意封闭自己，独自疗伤，缓解压力，该种饰品也被归类到某些亚文化，引发群体共鸣，彰显群体的价值观。

中国社会科学院大学的黄蕊《"不再害怕的理由"：流行文化中传统鬼观念的代际创伤叙事与情感传播链条——以中式恐怖为例》[①]一文，将人们对中式恐怖文化和鬼故事的复杂情感做了归纳，她认为五四运动以后的二元批判将鬼怪观念融入了一个与庞大的主流叙事对立的话语体系，使得鬼怪观念拥有了边缘、消极、对抗的矛盾意涵，现代社会中，观念更新，鬼怪观念才被增添了更多批判意义，"传统—童年—现

① 黄蕊．"不再害怕的理由"：流行文化中传统鬼观念的代际创伤叙事与情感传播链条——以中式恐怖为例[C]. 中国民俗学会2024年年会论文，2024.11.

在"，祖先、父辈和子辈的回忆与记忆交叠一起，鬼怪成为阐释跨代际创伤传播机制的最好载体。恐怖的基调并非止于单一的视觉化恐怖，而是继承了本土对恐怖的想象和压抑传统，叙事中鬼怪常常是"好人"，通过家国同构的代际叙事，成为对主流叙事的补充。在传播方面，恐怖的情感层次在互联网公共平台的讨论中被分解为"恐怖""创伤""性别视角""治愈"四层，成为年轻人自我保护的公共表达方式，但一些表达需要相关部门的监管。

中式恐怖中的鬼故事叙事结构："发现鬼—鬼本身是好人—解决冤屈—恢复秩序"，如《烟火》的热门评论之一："一个优秀的恐怖游戏一定会在故事的结尾给你一个不再恐惧它的理由。"通过情感化、戏谑化的形式表达自己的不满、对弱势群体关怀的转向，提供一种治愈的可能，"代际创伤叙事"尝试在流行文化中诉说和传递情绪，也是部分人群的疗愈方式。

毕业于格里特·里特维尔德学院（Gerrit Rietveld Academie）的荷兰金银匠昆·雅各布斯（Koen Jacobs）的"人造王国"木偶等作品曾在荷兰、意大利和芬兰的各种国际珠宝展览中展出。骨骼是他转译记忆和创造新形象的载体，他希望自己的设计能让人重温童年。与 Costume Therapy 品牌的骨骼饰品相比，这样的骷髅和骨骼结构体现了更多的幼稚心态，凸显的是幽默风趣的情绪价值。

课题组成员从楚文化的香薰历史中了解到檀香、沉香、柏木等香料具有净化空间、安抚心神的作用。在《楚辞·离骚》中，屈原多次提到香草和香气，借香气来表达他对清洁心灵、远离俗世的追求："既替余以蕙纕兮，又申之以揽茝"，"蕙纕"，香草作的佩带，系之以示芳洁忠正，"揽茝"是采集白芷，比喻坚持高尚的德行。笔者将其延伸为香气对心灵的治愈作用，对楚文化中的 C 形凤纹进行提炼，辅之以楚香珠及卷草造型，用铜丝手工的质感来体现纹样斑驳的边缘及楚人威武不屈的历史文化精神。课题组成员依据楚文化中"香药同源"的理念，从历史、养生角度调节人的精神状况与五脏六腑，将情绪和行为与文化做了梳理，从自然、健康、安全、舒适的原则出发，选用楚香材设计了如图 5-29 所示的饰品，赋予了其独特的情感与疗愈价值，不仅有文化底蕴，而且在物理层面，香味的释放能缓解情绪压力。

图5-29　"楚香"饰品设计（袁梦）

5.4　材料与去价值化

　　传统的首饰材料可分为金属材料、宝石材料和其他材料。在制作首饰的常用金属材料中，贵金属材料有金、银、铂、钯等，其他材料主要有钛、不锈钢、铜、铝、镁、锌、锡。宝石也分为矿物类宝石和有机宝石。矿物类宝石中，贵重的有金刚石（钻石），它是自然界中最坚硬的物质，象征永恒；还有红宝石、蓝宝石、祖母绿（绿柱石）、金绿宝石、高档软玉（和田玉）、硬玉（翡翠）等。中低档宝石包括石英石（各种水晶、玉髓、玛瑙）、石榴石、橄榄石、电气石（碧玺）、锆石、蛇纹石、绿松石、青金石、孔雀石、虎睛石等。有机宝石包括珍珠、琥珀、珊瑚以及象牙、珍贵的犀牛角等。其他材料相对较广，从天然的木材、皮革、棉麻毛纤维到人工合成材料玻璃、树脂、塑料、硅胶等，都可做饰品。传统饰品设计一般是以稀有、昂贵的材料为首选，其价值不仅体现在精巧的构思、精致的工艺，而且体现在材料的珍贵上；当代饰品设计的价值体现在剔除了材料本身的价值，也就是材料去价值化，而强调设计观念的表达以及饰品与穿戴者的互动。一个典型的材料去价值化案例如图5-30所示。

图 5-30　天然水晶戒指的去价值化（刘喆倩）

5.4.1　材料与造型

饰品的材料和饰品造型可谓一对相互成就的姐妹。材料是随着财富观念、装饰观念变迁而不断变化的，从传统贵金属、宝石到现代非金属材料、复合材料的创新应用，以及多元化的材质组合突出穿戴者的个性，材料的应用几乎没有限定。而造型需要仰仗相应工艺实现，如宝石饰品的造型来源于镶嵌，主要方式有爪镶、包镶、卡镶、密钉镶、轨道镶、无边镶、埋镶、柱镶等，其他饰品的造型也是依赖不断改良、变化的制作方式实现。

法国奢侈品品牌梵克雅宝（Van Cleef & Arpels）拥有独特的设计理念与艺术表达形式，其标志性系列饰品如四叶草、蝴蝶仙子，通过半宝石（孔雀石、绿松石）材料传递的是诗意美学与品牌文化，而非单纯依赖贵金属和宝石的应用。"幸运动物系列"（Lucky Animals Squirrel）如松鼠胸针的造型基本仍沿用四叶草的扁平化设计，采用18K玫瑰金、红玉髓、缟玛瑙、虎眼石等平价宝石材料制作。消费者购买的是符号性的造型，更是身份的认同与情感的寄托，是一种材料去价值化的当代装饰理念的体现。

以高品质和独特设计风格著称的美国品牌翠法丽（Trifari），在二战时期，由于经济原因，设计师开始用一些平价的合金和宝石制作日常珠宝，通过普通材料的装饰化应用，以造型创新、材料平替来实现高品质设计和亲民的售价；战争过后，更增加了乳白色仿宝石、仿珠、压制或模铸玻璃作为材料。设计师阿尔弗雷德·菲利普（Alfred Philippe）设计的 clair de lune 月光系列，使用水滴般的树脂路塞特（lucite）与镀金材料制作而成，还有中国风 MING 系列用人造翡翠、镀金等材质和工艺塑造而成，另外，果冻肚 Jelly Bellies 系列这样的设计到今天仍然很常见，有很强的佩戴装饰效果。翠法丽是典型的用技术驱动设计更新迭代的案例。

图 5-31 是课题组根据传统窗花造型简化制作材料设计的中国风胸针，有着西洋的金属花卉造型与中式的山水、云纹、建筑元素，用画珐琅的工艺材质与合金制作，更亲民。

图 5-31　合金、画珐琅中国风胸针（刘喆倩）

纵观全球设计，当代艺术观念影响下的饰品更专注于材料的环保性、可回收性、可生物降解性。如 Valley Rose Studio 的设计，虽然使用公平采矿（Fairmined）认证的贵金属，但确保采矿过程对环境的影响最小，该品牌 Cosmos 系列作品灵感来自宇宙，适合日常佩戴。Aether Jewelry 是一家通过从空气中提取碳来生产负碳钻石的创新公司，这种技术不仅减少了空气中的二氧化碳，还创造了高质量的人工钻石；这些钻石是碳中性甚至负碳的，比传统的钻石更环保，该公司 2023 年设计的 Diamond Solitaire Ring 系列戒指，不仅具有极高的环保价值，还展现了钻石珠宝的奢华美感，适合那些希望通过佩戴饰品支持环保创新的消费者。设计师丹·罗斯加德（Daan Roosegaarde）有着艺术设计硕士、建筑学博士学位，他在 2007 年成立了罗斯加德工作室（Roosegaarde Studio），完成了一系列的环保项目，其中"减霾在行动"的成果之一"雾霾戒指"甚至成为求婚戒指；英国查理三世国王（当年的查尔斯王子）也有一对同系列的雾霾袖扣。

珠宝设计师卡尔·弗里茨（Karl Fritsch）被誉为"指环王"，他除了用黄金、宝石等珍贵材料制作饰品外，也用废弃的钉子、玻璃等材料，他认为首饰不仅是关于爱和纪念的表达，更应充满想象力与创造力。在他的设计中没有精细的修饰，却有着粗糙、粗犷的造型和韵味，如他所说"我想首饰除了华丽的外表之外，更重要的是吸引注意力"，他的作品超越了普通人对珠宝的心理预期。图 5-32 是课题组对材料和造型的设计试验，探索不同材料结合实现的可能性，凸显文化观念和价值传递的途径。

图 5-32　材料和造型的设计试验（刘喆倩）

对材料和制造工艺的变革是环境可持续设计理念在传统珠宝设计界的可行性试验，当代艺术家介入饰品设计则更多是由于环境可持续观念的传播，他们提供了饰品材料去价值化的装饰性设计创意。艺术家安内米克·斯腾豪斯（Annemiek Steenhuis）用废旧棉线、碎布头等材料设计制作饰品，这种类型的饰品在时尚界也有一席之地，属于软性材料"雕塑"造型饰品。图 5-33 是课题组用废旧牛仔布、鞋带、玻璃管等设计制作的饰品。人工合成材料应用于饰品设计在时尚界被广泛接受，如硅胶，廉价但耐高温、耐腐蚀、耐老化，凭着自由变换的性质，给首饰设计艺术家带来诸多的灵感。设计师玛格达莱娜·施韦泽（Magdalena Schweizer）曾设计硅胶材质作品Body piece/The visible and the invisible。阿根廷设计师法比亚娜·加达诺（Fabiana Gadano）用回收的PET（聚对苯二甲酸乙二醇酯）矿泉水瓶制作具有雕塑形态的饰品，希望借助如舞动花朵般美好的形态，激发人们爱护环境，注重可持续资源的再生和利用。图5-34是刘喆倩利用硅胶材料和电子元器件设计的发光手环，5-35是刘喆倩利用废旧金属硬质材料设计的饰品，图5-36是刘喆倩利用废旧电子元器件设计的饰品，图5-37是刘喆倩用混凝土和金属、金粉等材料设计的吊坠、耳饰等工业风饰品。这些饰品的材料和结构有着浓烈的模板印记，体现了创作者对结构造型规范与突破、朴素与奢华的反思。

图5-33 废旧软材料饰品设计（刘喆倩）

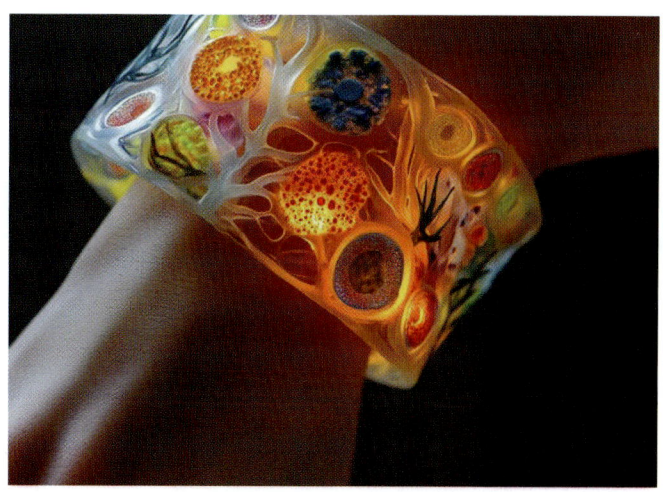

图 5-34　发光手环（刘喆倩）

图 5-35　废旧金属硬质材料饰品设计（刘喆倩）

图 5-36　废旧电子元器件饰品设计（刘喆倩）

图 5-37　混凝土饰品、镶金粉混凝土饰品（刘喆倩）

从 1989 年开始，达妮娅·切尔明斯基（Dania Chelminsky）开始尝试在珠宝设计上做一些天然物料的"试验"，如利用生物心脏造型设计珠宝，抑或是长出了珍珠的木头，甚或利用可持续生长的植物做饰品造型，如以蚕豆、黄铜制作的系列胸针，这些饰品随着种子发芽生长而出现新的形态。图 5-38 展示了刘喆倩利用天然木材制作的饰品，凸显自然的力量。

图 5-38　天然材质造型的饰品设计（刘喆倩）

世界各国都有首饰艺人用动物骨、角和黄金以及其他材质搭配制作饰品，希望将蕴含其内的象征寓意彰显出来，抽象其价值，将内在的思考与情感外化成物，或外化为符号。其实，在远古人类社会，动物的骨骼、牙齿、角就是极佳的装饰材料，天然的造型彰显着力量与地位，只是由于技术的进步，捕获凶猛的兽类或鱼类已经不是什么很难的事情，因而当代首饰设计中以有机物作为材料和形态拟真的设计只是另类思维表达的载体。

5.4.2 材料与结构

饰品的材料与结构可分为天然材料的一体和分体组合结构、人工（合成）材料的一体和分体组合结构。饰品材质的颜色、肌理与造型、结构设计、形态内涵之间有内在逻辑联系的设计能引起穿戴者的共鸣。传统经典设计的饰品材质多是用千百年沿袭下来的贵重金属、宝石制作，发展到现当代，也出现了半宝石、有机宝石和其他矿物宝石。东西方由于文化背景不同，对于贵重材料的价值认定点也不太一致。西方以钻石、刚玉、祖母绿为贵，而以儒家文化为底蕴的中国，将玉石比作谦谦君子，所谓"君子无故，玉不去身"，同时，玉石也是身份地位的象征。从良渚文化早期的玉镯发展到当代，但凡手腕上戴着一体式整圈玉镯的，基本都是中国人或华裔，若玉镯碎了，则意味着饰品帮佩戴者挡了灾祸，寓意"碎碎平安"。可见装饰身体的方式、材质与饰品结构是有一定经典形式和价值取向的。

除了天然玉石常常以整体结构的玉镯出现外，也有组玉佩这种结构的大型挂饰；以金丝将玉片组合设计的"金缕玉衣"在中国古代墓葬中大量出土，如山东、河南、河北、安徽亳州、江苏徐州等汉墓中均有出土，位于广州市的南越王博物院也藏有至今中国出土的最早、最完整的"丝缕玉衣"。

以陶瓷这样常见的材料做饰品也多以平面、一体的结构出现，类似瓷板画的装饰效果，试图通过设计颠覆材质廉价的印象，如，日本纯手工品牌 arie；chroma，其所有产品都不使用模具，都是由陶艺家冈野真理绘（Marie Okano）手工制作，她设计的陶瓷牡蛎胸针实现了传统陶瓷无法企及的绚丽多彩的装饰价值，同时，该品牌还用陶瓷材质制作日本传统食物纳豆等系列饰品，强调民族文化价值。

陶瓷的可塑性不仅体现在高温颜色釉瓷板画上，也可以体现在多维度塑形的装饰品上，有艺术家曾用925银、铜、瓷釉材料，采用光转瓷釉技术将处理过的记忆图像转化成瓷釉贴花，烧制在金属上，烧制后模糊的图像传达了设计者表现逐渐淡忘的记忆的意图，凸显材料结构对艺术观念的表达。图5-39展示了刘喆倩对形态和釉料肌理在不同结构上的试验结果。

图5-39 多材料、不同结构的瓷釉饰品（刘喆倩）

美国纽约的艺术与设计博物馆（Museum of Art and Design）是最早提倡将珠宝作为一种艺术表现形式的博物馆。1956年的首展"变化中的世界里的手工艺（Crafts-manship in A Changing World）"使许多美国人第一次接触到金工设计作品，感受到了它们对传统珠宝设计的挑战以及珠宝这种可穿戴的艺术品在雕塑上的探索。正是通过这些展览和活动，第二次世界大战后的黄金时代（the Golden Fifties），珠宝作为一种艺术形式的概念在美国得到确立，并在之后蓬勃发展。盖辛·哈肯伯格（Gesine Hackenberg）原本是一个接受过传统金匠技艺培训的珠宝设计师，但她厌倦传统珠宝设计理念，转而在日常生活中寻找材料灵感，经典的案例如她设计的陶瓷项链，采用联想的主题创作，将瓷盘和碗打孔，做成带纹理的"珍珠"圆片，或串成项链，或做成戒指、耳环，剩下的盘子与饰品形成"图"和"底"的相互映衬，也是饰品故事叙事的一部分，通过打散与重构手法，陶瓷材料饰品与孔洞结构能唤起穿戴者的不同情感。

结构和材料的多维度、多种形态的结合能制造视觉的丰富性。中国景德镇陶瓷大学的师生也在陶瓷饰品或陶瓷和其他材料结合的饰品设计中做了较多的研究，景德镇的几个文创市场、系列的陶艺展和国际文化节给予当代饰品的设计传播和推广极大的动力。如范梦婷"欲"系列陶瓷＋银首饰作品[①]，从装饰角度看，不同材料组合成的一体结构丰富视觉的效果和触觉感受，银材料部分保留了金属质感，青花的绘制丰富了造型要素，将作品中的传统文化元素转换为不规则构图、布局的时尚风格。图5-40是课题组成员对饰品结构虚实的探索与材料的设计实践。

---

① 范梦婷，陈春，赵春雷.陶瓷与银材料在首饰设计中的结合应用——以首饰实践"欲"为例[J].陶瓷，2024（09）：56-58.

图 5-40　虚实结构与材料的饰品设计实践（刘喆倩）

　　饰品的结构和材料息息相关，多数当代"简洁"饰品是单个的整体结构，复杂饰品常常是多个维度结构和材料的组合。图 5-41 展示了课题组成员设计制作的"工业遗产"风格胸针，将不同颜色的金属材料切割拼贴组合，并因地制宜地镶嵌锆石与管状物，在向蒙德里安致敬、传达当代艺术理念的同时，将废旧材料变为极具价值的饰品。

图 5-41　"工业遗产"风格胸针（刘喆倩）

　　从历史角度来看，20 世纪 60 年代就有了如艺术家阿莱纳·菲施（Arlene Fisch）的材料去价值化的人体饰品，还有荷兰珠宝和工业设计师吉斯·巴克（Gijs Bakker）和艾美·范·利瑟姆（Emmy van Leersum）夫妇激进夸张的观念饰品。吉斯·巴克曾说："要显示出强大的力量，必须是夸张的、大尺度的首饰，必须是金银之外的新材料。"他的饰品设计头部和颈部的尺寸超大，用铝、塑料、不锈钢、亚克力材质基于抽象的几何形式套在模特的肩颈间，像未来主义的盔甲[①]，是典型的复杂结构饰品，但他强调创意和观念，而不突出贵重材料和手工技艺，把首饰设计提升到新锐艺术的高度，也是从1967年起，阿姆斯特丹市立博物馆开始收藏当代首饰设计[②]。当时的荷兰对"好首饰"有严格定义和不成文规定，反对奢侈，采用不复杂的构造和材料，手工打磨出"工业感"，用"概念首饰"讽刺首饰作为身份象征和投资对象的现象。获得2013年国际当代金属艺术展览银奖的作品"别扭行走的腿"胸针，是澳大利亚国立大学艺术学院教授西蒙·科特雷尔（Simon Cottrell）的作品，作品采用蒙乃尔铜镍合金400、不锈钢、925银制成，多层立体的结构带给观者更多的视觉冲击和思考。

现代美国原住民霍皮族珠宝设计大师查尔斯·洛罗马（Charles Laloma），是一位具有开创性的美洲印第安人艺术家，他在木材上镶嵌不寻常的宝石，例如西伯利亚的

图5-42 天然青金石、孔雀石与烧蓝工艺并存的饰品（刘喆倩）

紫龙晶、阿富汗的青金石和阿拉斯加的猛犸象牙化石。他设计珠宝的另一个独特风格是在饰品内部镶嵌装饰性材料，大约始于1962—1965年，因为他认为所有人都有隐藏的美，所以就用内在的宝石进行表现，在黄金框架内大量嵌入切片绿松石，而不是平铺、最大化地展现绿松石材质，这样的处理既是内涵美的表现，同时也是材料去价值化的结构设计。图5-42展示了课题组成员对材料与结构的探索，将天然石材薄片平镶在金属框内，与烧蓝工艺同时展现，形成人工制作与天然材料的混搭。有些当代珠宝设计师甚至将贵重的材料包裹在其他廉价材料内，如设计师奥托·昆齐利（Otto Künzli）的概念珠宝手镯"黄金让你失明（Gold Makes You Blind）"，在黑色橡胶管里放置纯金小球，只有在佩戴过程中随着胶皮的不断磨损，内部黄金才能显现。

设计师玛凯塔·克拉托赫维洛娃（Marketa Kratochvilova）曾两次获得捷克设计大奖，在她看来，首饰是身体的建筑，身体和饰品之间是一种合作关系[③]，因此，她致力探索物体结构与身体之间的关联，通过首饰表达内心深处隐秘的矛盾以及自我的

---

①② 钟和晏.荷兰当代首饰设计：观念至上 https://www.lifeweek.com.cn/h5/article/detail?artId=14553.

③ Opal，孙婧瑶.身体的建筑[J].设计，2016(06)：60-65.

欲望，夸张的饰品尺寸以及多种常规现成品材料的应用，突出饰品的可塑性，强调装饰物的形态与身体之间的互动，而不在意材料本身的价值。1983年出生的卡拉·奥尔斯科娃（Karla Olsakova）偏好用建筑原理和几何动力的变化来表现珠宝首饰与人的亲密关系。2011年，她凭借作品"我在镜子后面发现了什么……（What I Found Behind the Mirror...）"顺利从K.O.V.（布拉格艺术、建筑与设计学院的珠宝设计与跨学科艺术工作室）毕业，并马上创办了以自己名字命名的品牌和工作室Karla，她的作品被选送慕尼黑国际首饰珠宝展Schmuck和纽约艺术与设计博物馆主办的当代珠宝年度展览LOOT，一些定制珠宝作品也被布拉格装饰艺术博物馆收藏。这说明饰品的创意表现、结构设计价值要远远高于材料运用的价值。德国当代首饰设计师弗里德里希·贝克尔设计的"两种戴法的戒指（Two Ways of Wearing the Ring）"，创造性地进行了结构改良设计，将通常的一个指圈圆形变为类似四个支柱建筑的四个圆圈，可以从不同方向佩戴。

　　图5-43是课题组成员以当代艺术为表现手段设计的"星空流转"饰品，用工业现成零件和工业废弃料将其归纳为不同的点、线、面、体，以多维度、多层次的结构组合，形成了不同视觉感受的系列文创饰品。图5-44、图5-45分别是复杂结构和简单结构的不同材质组合设计的饰品。站酷设计师"物物有生"2021年创作的首饰系列"又见蜀"以三星堆文物面具为灵感，通过提取造型要素解构、重构、材质换新（925银、黄铜、有机玻璃）等设计手法，传达从古蜀到新蜀的意境，转换全新的材料与结构设计路径，获得2021金熊猫天府创意设计奖·时尚创意设计类优秀奖。

图5-43　"星空流转"当代艺术饰品设计（刘喆倩）

　　韩国著名当代首饰及装置艺术家金容周（Yongjoo Kim）以采用魔术贴这一人工材料反复重叠组合设计而闻名于艺术界，她设计的"可穿戴雕塑"项链，实践探索着一个看似简单却又复杂的问题："在压力之下生存意味着什么？"颇有艺术疗愈的意味。

图 5-44　复杂结构的不同材质构成（刘喆倩）　　图 5-45　简单结构的不同材质拼贴（刘喆倩）

有一大批韩国艺术家运用类似的造型方式和设计观念，如金熙妍（Heeang Kim）设计的饰品"蘑菇的繁殖（Proliferation of Mushrooms）"，也是材料的去价值化实践，并对饰品的结构进行了无限探索。

匈牙利珠宝设计师蕾卡·勒林茨（Réka Lörincz）是环保主义者，在 Ted Noten 工作室的经历激发了她的逆向思维：站在不熟悉的角度更能获取设计的灵感。她的饰品结构复杂，摈弃了木材、陶瓷、金属等传统材料，用生物降解塑料，如饭盒、保鲜膜甚至信用卡等创作饰品，将圣诞节的废弃物、包装材料，甚至圣诞老人的头发制作成饰品；用废弃信用卡、绿松石制作的名为"恶之花（Flowers of Evil）"项链，讽刺过度消费现象；她认为"有些人、物或事，并不是隐藏或回避就能否认它的存在，看看不仅无妨，更是有益"，希望通过这种环保行为，反映现实。

图 5-46 是课题组成员利用碎皮材料和金属结构创作的不规则几何体块简单结构的装饰项链，表达了一种可持续发展的观念。

饰品设计让人们在欣赏美的同时，也能够思考人类与自然的关系，图 5-47 展示了"明日之花"系列戒指设计，不仅探索未来地面植物的生长演化，同时关注海水的升温与海底植物结构形态、珊瑚结构的演变，表达了创作者的生态环保思维与对可持续发展的关注，该戒指运用 3D 打印技术简化结构设计，由透明树脂与电镀树脂加上锆石镶嵌而成。新材料、新技术在饰品设计领域应用前景广阔。

图 5-46　由碎皮材料制作的饰品（刘喆倩）

图 5-47　"明日之花"系列戒指（刘喆倩）

关注环境的可持续饰品设计不仅聚焦于物质维度，将材料的再利用、可再生、可循环使用、可以降解作为解决问题的主要方式，而且聚焦在能引起佩戴者反思的内涵设计上，通过形态、结构的不断探索，表达饰品的当代性特征和设计者的观念，也反映了本节的主要观点：饰品设计之美不仅在于结构设计、材料选用，而且在于合适的结构和材料对设计观念的准确传达。

5.5　品牌与市场

有一部分珠宝品牌历史悠久，是经过市场检验大浪淘沙沉淀下来的奢侈品品牌，如成立于1780年的尚美巴黎（Chaumet），与法国皇室有着深厚的渊源，至今仍是全球顶尖珠宝品牌，被誉为"蓝血贵族"；海瑞温斯顿（Harry Winston）不仅有世界上最罕见的宝石，而且以切割工艺闻名于世；格拉夫（Graff）被誉为"钻石中的钻石"，是世界十大奢侈珠宝品牌中的佼佼者，以其对钻石的极致寻求和工艺而著称，是奢华的典型；宝格丽（Bulgari）是世界十大顶级奢侈珠宝品牌的有力竞争者，以古罗马和古希腊文化为灵感，打造具有艺术感和视觉冲击力的作品。还有戴比尔斯（De Beers）、卡地亚（Cartier）、梵克雅宝（Van Cleef & Arpels）、蒂芙尼（Tiffany & Co.）、宝诗龙（Boucheron）、御木本（MIKIMOTO）等，各品牌有高级珠宝、珠宝等不同的市场定位。

中国珠宝品牌和国际大牌相比，商业化运作、品牌成立时间不长，但基于中国传统文化理念的设计在国际大赛中获得佳绩，如TTF品牌，在珠宝设计和技术方面取得多项专利，企业倡导"以现代设计手法，表现东方文化精髓"，逐渐在国际珠宝舞台获得一席之地，TTF的鸡年生肖饰品"希望"，颇有中国审美意象，抽象化的形式表达也具备当代性。满足人们的多样化需求既是时代命题，也是企业获得市场青睐的必备条件，因而，在饰品设计中特色和符号同样重要。

许多国际化知名品牌的首饰都有标志性的符号，如卡地亚的灵蛇、梵克雅宝的四叶草、蒂芙尼的T字、卡地亚的螺丝等，有一些甚至成为购买该品牌的必入款，有着极好的市场辨识度和销量。在2024年，在诸多时尚奢侈品牌的时装下调全年预期销售收入的情况下，卡地亚、蒂芙尼等高端珠宝品牌仍然像往年一样定期在华举办面向VIP客户或公众的高级珠宝展览。[①]2024年11月，卡地亚在上海外滩老市府举办了

---

① https://news.qq.com/rain/a/20241126A077QA00.

Nature Sauvage 高级珠宝展览，说明珠宝设计较之时装设计有更强的市场承受力和包容度。

目前唯一进入奢侈品界的银饰品牌克罗心（Chrome Hearts）是许多演艺界人士热爱的饰品品牌，是将"银子卖出黄金价格的产品"，其品牌产品线丰富多元，设计风格以摇滚为基调，融合多种风格，富有巧思、精工细作，尽显奢华。

21 世纪初，可穿戴智能产品、多功能智能饰品仅存在于少数科技发达国家、有限的几个品牌，而且也只是在少数比较发达的国家或者某些特殊领域的人群中比较受关注。但 2010 年后，移动互联网技术的飞速发展给可穿戴产品提供了更大的市场平台，大量的可穿戴产品应运而生，而且这些伴随新技术、新功能出现的产品也在逐渐被大众接受，成为大众的随身饰品，因而，可以认为当前的可穿戴产品市场是有着非常不错的发展前景的。虽然目前各种可穿戴产品更新换代的速度非常迅速，但其实还处在作为饰品＋科学设计的初始发展阶段。

艺术是文化精神的视觉化呈现，随着文化、科技的发展，将不断涌现新的饰品形式。

结语

首饰设计领域不仅汇聚了来自专业艺术院校的设计师，更融入了众多的传统手工艺匠人，他们致力差异化设计竞争，因此，在个性化饰品设计时代，从业者不仅需要掌握市场需求分析的方法，而且要在创新手段、材料运用、设计理念等方面深入学习，并具备一定的商业头脑。

本书回顾饰品的类别、简史，并阐述相应的设计方法论，以设计实践和设计案例探索、开发具有中国传统文化精神的饰品设计路径，以期达到经济价值和文化价值双赢的目的。研究借鉴了心理学、行为学、文学、符号学、艺术学等相关学科的理论框架和方法，并将其融入设计方法论中，探索了多种可行性路径。

传统文化是一个民族的根基，中国优秀的古代文明蕴含了众多的传统文化艺术资源，在当前民族文化复兴浪潮空前高涨的盛况下，研究传统文化中的物质和精神层面的设计观念及其设计时尚化转换有着积极而现实的意义。全书从"内涵挖掘"和"工具应用"展开，阐释传统文化精神与当代需求的挖掘与视觉化呈现、传统材料的"老料新搭"、设计开发路径的多维探索（以 AI 为工具），充分利用新质生产力提高设计效率，有效进行方案的筛选，达到文化和价值的双重输出。

在本书即将付梓之际，多年来对美好未来的探索与追求、积极与消极情绪一起涌上心头。不论社会如何发展，饰品将一直伴随着人类的生存与繁衍，饰品设计也会一直存在，只不过在人工智能全面介入人类生产、生活的今天，饰品设计师需要不断提升自己的人文艺术修养、增进对数理知识的了解、广博涉猎各类学科的知识，以适应方法论的不断迭代升级。社会对饰品的实物、虚拟产品的意义和价值需求也将与时俱进，新的观念也会不断出现，本书只是一个阶段性的总结汇报，由于水平有限，谬误在所难免，还请各位读者指正。书中所有署名为刘喆倩的图片均为人工智能协作设计，在当今智识经济时代，设计师必须具备科技使用能力和科技伦理的意识。本书能够成稿，还需特别感谢我们的团队成员，我们的学生和老师。他们分别是吴菁老师，研究生井煜斌、袁梦、张馨元、程帅、邓玥、雷赛西、袁青枫、夏薪乔、余冰雁、马芙蓉、陶雨梦、黄安琪、郝祖青、毛睿茜、尚倩丽、陶伟桐、杨雅琪等，还有多位本科生，他们在多年的"饰品设计""旅游文创产品设计"课程的教学和实践互动中夯实我们的理论，将设计观念和价值思考在饰品设计中详尽体现，在市场中接受检验。

在多元文化并存、技术日新月异的今天，饰品不再仅仅是一种装饰的小元素，而是价值观和审美能力的综合体现，是一个设计工作者社会责任心的反映，让我们携手共进，矢志不渝地探寻更美好的未来！

彭红　刘喆倩

2024.11.18

附录

珠宝企业工作岗位、职业能力、典型工作任务及学习领域归纳

工作岗位	职业能力	典型工作任务	学习领域
镶石	1.显微镜的使用能力； 2.镶石工具的使用能力； 3.对宝石颜色及大小准确判断的能力； 4.首饰设计图纸的阅读能力； 5.镶嵌种类的认知及镶嵌方式的应用能力	利用显微镜对比较小的宝石，进行精密的镶嵌	首饰加工 宝石鉴定导论
执模	1.各种执模工具的使用能力； 2.首饰设计图纸的阅读能力	根据工件要求，对工件进行执模	首饰加工 首饰设计
电脑雕蜡	1.首饰设计图纸的阅读能力； 2.电脑首饰设计软件的使用能力	用电脑首饰设计软件进行首饰的设计，然后雕蜡	雕蜡 电脑首饰设计 首饰设计 机械制图
首饰设计	1.首饰产品图的绘制能力； 2.简单首饰设计制作能力	从事首饰款式的设计与研发	首饰设计 饰品设计 美术设计原理 结构素描 图案
珠宝首饰产品生产与管理	1.珠宝首饰设备焊接与装配能力； 2.珠宝首饰设备整机调试能力； 3.珠宝首饰设备防护设计能力； 4.维修工具和设备的使用能力； 5.珠宝首饰产品质量测试能力； 6.珠宝首饰生产流程的认知能力； 7.珠宝首饰产品生产与管理能力	珠宝首饰产品生产工艺流程管理，首饰生产设备故障诊断与检修	首饰加工 珠宝企业经营与管理

续表

工作岗位	职业能力	典型工作任务	学习领域
珠宝玉石 检测	1.珠宝玉石基础鉴定能力； 2.珠宝玉石鉴定仪器的使用能力	珠宝玉石的真假、等级鉴定	宝石鉴定导论 首饰加工
珠宝首饰 销售	1.珠宝首饰销售的能力； 2.珠宝首饰产品的认知能力	从事珠宝首饰的销售	珠宝首饰营销 珠宝企业经营与管理 首饰加工 宝石鉴定导论
珠宝玉石 琢磨	1.珠宝玉石基础的鉴定能力； 2.珠宝玉石的切磨能力	从事珠宝玉石的切磨	宝石鉴定导论 宝石琢型设计 宝石切磨

参考文献

[1] 沈正赋.中国国家形象国际传播的逻辑建构与策略优化[J].南京社会科学，2023（02）：96-106.

[2] 刘喆倩.潮玩的"趣味"符号及主旋律设计策略研究[J].设计艺术研究，2024.14（05）：52-56.

[3] 彭红，朱庆玲.当代民族首饰的拓扑形变创新设计研究[J].设计艺术研究，2023，13（05）：25-29.

[4] 章悦茗.江永女书及其文化传承[J].新疆艺术（汉文），2023（01）：114-120.

[5] 冯冰洋，俞倩，徐莉.江永女书字体形态特征中的装饰图案研究[J].包装工程，2022，43（20）：416-422.

[6] 王伟伟，彭晓红，杨晓燕.形状文法在传统纹样演化设计中的应用研究[J].包装工程，2017，38（06）：57-61.

[7] 李敏.鄂西土家族织锦的"图式文化"特征[J].中南民族大学学报（人文社会科学版），2008（01）：65-67.

[8] 李晓梅.动态、隐喻与升维——视觉传达中的叙事设计[J].装饰，2021（09）：29-33.

[9] 胡建斌.叙事传播视角下红色文化主题游戏的设计[J].四川戏剧，2022（06）：127-129＋139.

[10] 吴海广.论楚凤造型艺术特征的文化意蕴[J].华中农业大学学报（社会科学版），2004（02）：113-116＋122.

[11] 时胜勋.从"西方化"到"再中国化"——中国当代艺术的文化身份[J].贵州社会科学，2008（10）：15-24.

[12] 袁青枫，彭红.豫剧文化符号在家居产品设计中的应用研究.[J].工业设计，2025（01）：134-138.

[13] Opal，孙婧瑶.身体的建筑[J].设计，2016（06）：60-65.

[14] Ji-Hynn Lee，Hyoung-June Park，Sungwoo Lim，et al. A Formal Approach to the Study of the Evolution and Commonality of Patterns[J]. Environment and Planning B: Planning and Design，2013，40（1）：23-42.

[15] （英）琳达·格兰特.穿出来的思想家[M].张虹，译.重庆：重庆大学出版社，2014.

[16] 周秋生，刘丹丹，梁欣.拓扑学及在GIS中的应用[M].哈尔滨：哈尔滨工程大学出版社，2014.

[17] 潘絜兹.敦煌莫高窟艺术[M].上海：上海人民出版社.1957年.

[18] 刘晋晋.图像与符号[M].长沙：湖南美术出版社.2021.

[19] （英）马克·阿姆斯特朗.基础拓扑学[M].孙以丰，译.北京：人民邮电出版社，2019.

[20] 彭杨.楚凤鸟图式及其精神研究[D].长沙：湖南师范大学，2020.

[21] 胡世法.欧美当代艺术首饰创作理念研究[D].上海：上海大学，2021.